POLEC

Beata Pawli

ROK POZYTYWNEGO MYSLENIA

Kalendarz 2016

Beata Pawlikowska

SZCZĘŚLIWE GARNKI

kulinarne przepisy na wiosnę

Beata Pawlikowska

SZCZĘŚLIWE GARNKI

kulinarne przepisy na lato

Beata Pawlikowska

SZCZĘŚLIWE GARNKI

kulinarne przepisy na jesień

Beata Pawlikowska

SZCZĘŚLIWE GARNKI

kulinarne przepisy na zimę

Beata Pawlikowska

SZCZĘŚLIWE GARNKI

kulinarne przepisy na święta

Beata Pawlikowska

SZCZĘŚLIWE GARNKI

kulinarne przepisy na zdrowe ciastka

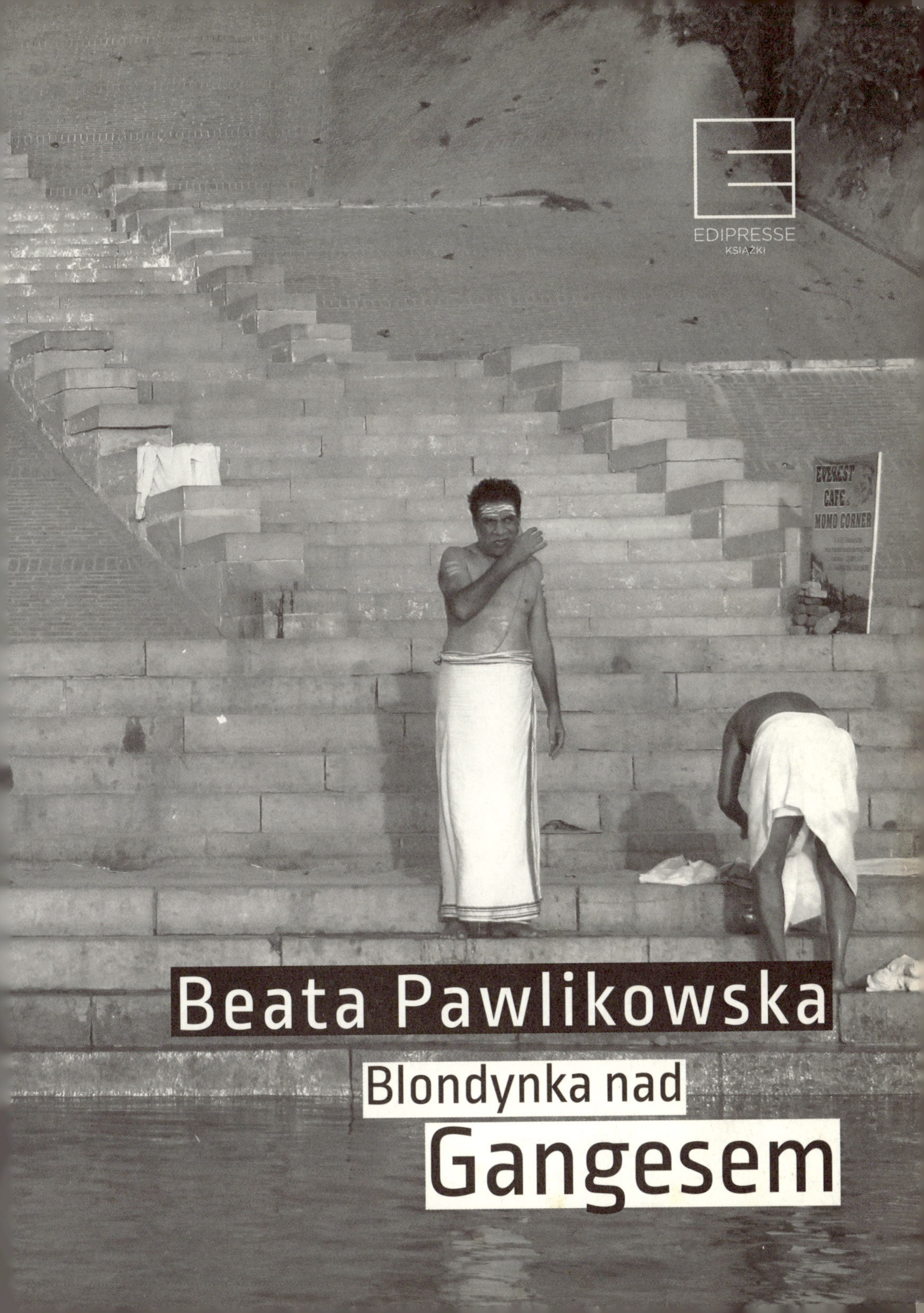

EDIPRESSE
KSIĄŻKI

Beata Pawlikowska

Blondynka nad Gangesem

ZOBACZ WIĘCEJ Z TAP2C

Przygotowaliśmy dla Ciebie wyjątkowe multimedialne materiały i niespodzianki. Możesz je obejrzeć na smartfonie lub tablecie. Potrzebujesz tylko aplikacji TAP2C.

TAP2C | www.tap2c.com

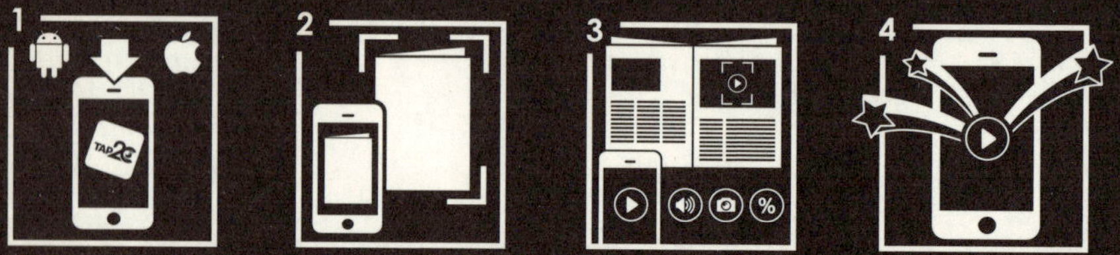

1. Pobierz i uruchom darmową aplikację TAP2C dostępną na Google Play i AppStore
2. Zeskanuj okładkę
3. Znajdź zdjęcia oznaczone ikonami
4. Dotknij, gdy pojawi się ikona, i ciesz się dodatkową treścią

Podczas tej wyprawy do Indii zrobiłam kilka tysięcy fotografii i kilkadziesiąt krótkich filmów dokumentujących codzienność. Robiłam to z pasji, ciekawości i miłości do sztuki.

Nie zdawałam sobie sprawy z tego, że będę mogła pokazać te zdjęcia i filmy w przestrzeni, do której każdy w dowolnej chwili może mieć dostęp.

Niespodziewanie na mojej drodze pojawiło się Tap2C.

To nowoczesna technologia, której nazwa oznacza „dotknij, żeby zobaczyć".

Genialne w swojej prostocie.

Tap2C to darmowa aplikacja, którą można pobrać na telefon i która umożliwia przeniesienie się w inne, ponadpapierowe światy.

Wybrałam 336 dodatkowych fotografii i kilka filmów, które pokazują świat opisany w tej książce.

Zainstaluj bezpłatną aplikację Tap2C.

Otwórz aplikację w telefonie.

Aparat fotograficzny w telefonie ma funkcję skanowania.

Najpierw zeskanuj okładkę książki.

To umieszcza aplikację w konkretnym kontekście tego, a nie innego zbioru materiałów multimedialnych.

W treści książki znajdziesz czarno-białe fotografie z symbolem lub . Wystarczy zeskanować telefonem zdjęcie, żeby przenieść się do wirtualnej galerii fotografii albo filmu.

Możesz spróbować od razu poniżej ☺

Galeria multimedialna: zeskanuj zdjęcie i wyrusz ze mną w fotograficzną podróż przez Indie.

ROZDZIAŁ 1

Tygrysy w Zatoce Bengalskiej

Miałam dziwny sen.

I chyba po raz pierwszy w życiu miałam takie wątpliwości. W październiku kupiłam bilet do Kalkuty. W listopadzie pojechałam jak zawsze do dżungli amazońskiej w Brazylii. W grudniu zaczęłam bić się z myślami.

Nigdy wcześniej nie zdarzyło mi się coś takiego.

Planuję moje podróże tak, jak chcę. Jadę tam, dokąd mam ochotę. Sama wymyślam miejsca, planuję w przybliżeniu trasę i samotnie wyruszam w taką podróż. Wszystko zależy ode mnie.

Tym razem też tak miało być.

Wymyśliłam sobie, że pojadę do Bangladeszu. Dlaczego? Bo to jest niezwykły kraj, w którym rzadko kto bywa. Prawie nic o nim nie wiadomo. To mnie właśnie ciekawi – to, co jest nieznane, nieodkryte, nieopisane. Przybywam do takich miejsc, zdejmuję plecak i wsiąkam w tamtą rzeczywistość, uczę się jej na własnej skórze.

Podróżuję tylko lokalnymi środkami transportu, śpię w zwykłych przygodnych hotelach dla tubylców, jem razem z nimi w ulicznych barach. Smakuję prawdziwe życie. Czasem utknę w dżungli albo w błocie, czasem muszę przezwyciężyć strach i przejść przez rzekę pełną krokodyli albo wspiąć się po stuletniej drabince na zboczu góry. Moknę, marznę, głoduję, ale czasem też wygrzewam się w tropikalnym słońcu i jem najsłodsze ananasy świata.

Lubię tak podróżować. Sama, bo wtedy łatwiej nawiązać nić porozumienia ze wszystkimi, których mijam po drodze. Bez szczegółowego planu, bo prowadzi mnie to, co ma się zdarzyć. I z przygodami, bo wtedy lepiej widzę prawdę o samej sobie. Bo przecież dopiero w zaskakujących, nieprzewidywalnych sytuacjach człowiek odkrywa swój prawdziwy charakter.

I tak też miało być tym razem.

Bangladesz. Niewielki kraj położony w delcie Gangesu nad Zatoką Bengalską. Już tylko te słowa wystarczyłyby, żebym chciała tam pojechać.

Delta Gangesu i Zatoka Bengalska.

To brzmiało jak egzotyczny świt otulony kłębkami śnieżnej mgły. Jak szelest szmaragdowych traw pod stopami pręgowanego tygrysa. Jak falująca w ciepłym wietrze suknia dziewczyny na polu trzciny

Podróżuję tylko lokalnymi
środkami transportu,
śpię w przygodnych
hotelach dla tubylców

cukrowej. Jak zapach czarnej ziemi po tropikalnym deszczu. Jak lśniący żagiel łódki zbliżającej się po oceanie. Jak obietnica, nadzieja, miłość i zachwyt, które zawsze są częścią wielkiej wyprawy.

A więc Bangladesz!

W Polsce nie ma przedstawicielstwa dyplomatycznego tego kraju, mogłam więc zrobić dwie rzeczy: wysłać paszport do Belgii albo dostać wizę w Kalkucie. To drugie rozwiązanie wydało mi się od razu bardziej przygodowe. Polecę do Indii, pójdę po wizę, a potem autobusem po ziemi dojadę do Bangladeszu. Świetny plan!

Kupiłam bilet. Zorganizowałam dla moich dwóch kotów dom zastępczy na czas mojej podróży. Zaczęłam się pakować.

I nagle poczułam wątpliwość.

To mi się nie zdarzyło nigdy wcześniej!

Byłam na wielu samotnych wyprawach. Bardziej niebezpiecznych i dłuższych niż ta. Bardziej nieprzewidywalnych i ryzykownych. Czasem czułam strach, bo wiedziałam, że wszystko może się zdarzyć, ale jednocześnie zawsze byłam gotowa stawić temu czoła. I wiedziałam, że w chwili kiedy dolecę na miejsce, życie samo poprowadzi mnie dalej. I rzeczywiście zawsze tak było.

Tym razem po raz pierwszy w życiu poczułam coś zupełnie innego. Tak jakby wewnętrzny głos mówił mi, że nie powinnam tam jechać.

Codziennie go słyszałam. Jadąc samochodem, robiąc zakupy w sklepie, biegając po zmrożonej ziemi.

Ciągle w myślach odzywał się ten dziwny głos, który usiłował mnie zatrzymać.

– No ale jak to? – pytałam samą siebie. – Mam nie jechać?? Zrezygnować z tej wyprawy?? Dlaczego???

Odpowiedzi nie było.

Miałam tylko to dziwne przeczucie, które zresztą nie było całkowitą pewnością, a tylko nieustannym zwątpieniem. 50% mojej duszy chciało jechać, a 50% upierało się, żeby tego nie robić.

Nigdy wcześniej nie zdarzyło mi się nic takiego, więc zupełnie nie wiedziałam jak się zachować. Nie podejmowałam więc na razie żadnej definitywnej decyzji. Miałam bilet. Byłam przygotowana do podróży. Nagrałam audycje na czas mojej nieobecności, napisałam zapas felietonów, byłam wolna.

A jednak było w tej wolności coś, przed czym samą siebie usiłowałam ostrzec.

Nie umiałam tego nazwać ani przewidzieć. Ja tylko *wiedziałam*, że ta wyprawa będzie inna od wszystkich i *wiedziałam*, że cokolwiek zrobię, prawdopodobnie żadna decyzja nie będzie w tej sytuacji dobra.

Pięćdziesiąt procent pewności i pięćdziesiąt procent ostrzeżenia.

Przed czym?...

Nie miałam pojęcia.

I wtedy właśnie przyśnił mi się ten sen.

ROZDZIAŁ 2

Miałam sen

Śniło mi się, że podróżuję po kraju, którego nazwa zaczynała się na literę „I". Wydaje mi się nawet, że we śnie znałam jego trzy pierwsze litery: „Ind".

Wędrowałam jak zawsze samotnie z plecakiem. Samotnie w sensie samodzielnie, bo przecież dookoła było dużo ludzi. Wysiadali z autobusów i pociągów, kupowali na targowisku świeże owoce, warzywa i pęczki ziół, chodzili po ulicach. I ja jak zawsze między nimi – w męskiej koszuli i klapkach, z plecakiem, bez makijażu i biżuterii, żeby łatwiej wtopić się w tło.

To była chyba Indonezja. Pamiętam wąski zaułek późnym popołudniem, na który przez szczeliny między domami przeciskały się promienie zachodzącego słońca. Stałam tam bezradnie i rozglądałam się dookoła, bo właśnie sobie uświadomiłam, że zostałam okradziona. Ze wszystkiego.

Nie miałam paszportu ani biletu powrotnego, telefonu ani pieniędzy. Nie miałam ubrań ani peleryny przeciwdeszczowej, latarki, butów na zmianę, skarpetek ani innych drobiazgów, które z takim przejęciem pakowałam wcześniej na podróż. Nie miałam nic.

Po prostu nic.

Pamiętam jak w tym śnie spojrzałam na swoje ręce i pomyślałam, że teraz będę podróżować naprawdę lekko. Bo ukradziono mi nie tylko główny bagaż, ale też podręczny. Moje aparaty fotograficzne, obiektywy, karty pamięci, notatniki, wszystko, po prostu wszystko.

– Tylko co teraz? – zapytałam siebie we śnie. – Muszę znaleźć polski konsulat, ktoś musi odtworzyć mój paszport, pożyczyć mi pieniądze…

Nie czułam żalu ani gniewu. Raczej gotowość do tego, żeby odnaleźć się w tej sytuacji.

– Pewnie życie chciało mi pokazać, że niepotrzebnie zgromadziłam tyle przedmiotów – pomyślałam we śnie. – Widać one wcale nie są tak potrzebne, jak mi się wydawało. Zostałam okradziona, żebym nauczyła się żyć bez nich.

Dobrze, spróbuję. To ciekawe doświadczenie.

Rozejrzałam się. Uliczka była pusta i cicha. Wydawało się, że jestem tam sama.

I wtedy usłyszałam głosy. I kroki zbliżających się ludzi.

Nie miałam nic, nie wiedziałam gdzie jestem ani dokąd mogę uciekać. Stałam więc i patrzyłam.

Podejrzewali, że jestem szpiegiem! Terrorystką!

Albo jednym i drugim jednocześnie!

Z głębi uliczki wynurzyło się kilku mężczyzn. Od razu wiedziałam, że będą kłopoty. Podeszli do mnie, coś zaczęli krzyczeć, ktoś wyciągał do mnie ręce, ale nagle jeden z nich zawołał coś i wszyscy uciekli.

A ja znalazłam się na posterunku policji.

– Och, co za ulga! – pomyślałam.

Pewnie policjanci przegonili tych dziwnych typów i przywieźli mnie na posterunek, żeby się mną zaopiekować.

Ale oni wcale nie wyglądali na chętnych do pomocy. Wprost przeciwnie.

Najpierw zagniewanymi głosami pytali:

– Kim jesteś? Skąd tu się wzięłaś? Co tu robisz?

Mówiłam, że jestem z Polski, przyjechałam sobie na samotną wyprawę, jestem podróżnikiem i nie mam bagażu, bo zostałam okradziona, ale oni tylko marszczyli brwi, patrzyli na siebie i napierali coraz bardziej agresywnie.

– Dlaczego jesteś tu sama? Czym się zajmujesz? Czy zbierasz jakieś informacje? Kto cię tu przysłał? Dla kogo pracujesz?

Podejrzewali, że jestem szpiegiem! Albo terrorystką! Albo jednym i drugim jednocześnie!

Wyjaśniałam, tłumaczyłam, usiłowałam uśmiechać się, żeby zdobyć ich zaufanie, ale to nic nie dało. Zaczęli mnie torturować.

Pamiętam jak siedziałam na krześle, a policjanci miażdżyli mi palce dłoni, żeby zmusić mnie do mówienia prawdy.

– Co tu robisz?! Dla kogo pracujesz?! – powtarzali.

– Ja jestem tylko zwykłą podróżniczką! – odpowiadałam, a łzy płynęły mi po twarzy.

I wtedy się obudziłam.

– No to nie jadę! – pomyślałam natychmiast.

Wydało mi się, że to był chyba proroczy sen. Tym bardziej, że nigdy wcześniej takich snów nie miewałam.

Postanowiłam więc, że rezygnuję z tej wyprawy. Stracę bilet, trudno, ale widać moje wątpliwości miały sens, skoro zostały potwierdzone przez taki dziwny sen.

Ale wiesz co. Pięćdziesiąt procent mojej duszy wciąż chciało jechać. A tylko pięćdziesiąt procent postanowiło zostać.

– Właściwie ten sen był o Indonezji, a nie o Bangladeszu – olśniło mnie pewnego dnia.

Jechałam samochodem, była połowa stycznia. Zimno. Pełno śniegu dookoła. Zobaczyłam w wyobraźni zalane słońcem rzeki Bangladeszu, kobiety w kolorowych sari, usłyszałam jak woda pluska dookoła łódki na Gangesie.

– A może to tylko strach podpowiada mi takie dramatyczne scenariusze? – pomyślałam i zacisnęłam ręce mocniej na kierownicy. – To, co się zdarzyło w moim śnie o Indonezji, może wcale nie ma nic wspólnego z tym, co czeka mnie podczas wyprawy do Bangladeszu?

Promyki słońca zamigotały na oblodzonej szybie.

– Pojadę!! – pomyślałam nagle. – Tak, oczywiście, że pojadę! Tak, bo tak bardzo tego pragnę! Mam wszystko gotowe! Mogę ruszać w drogę choćby jutro!

Och tak!!!

Ogarnęła mnie wielka radość. Tak! Wyruszę na moją samotną wyprawę jak co roku! Nie zatrzyma mnie jakiś dziwny sen. To pewnie moja wyobraźnia podpowiada rzeczy, których podświadomie się boję, ale one wcale nie muszą mieć niczego wspólnego z rzeczywistością. Hurra!!! Jadę!!!!

Miałam bilet na 28 stycznia.

Dopiero w samolocie uświadomiłam sobie, że państwo ze snu to nie była Indonezja, tylko Indie. A ja przecież leciałam prosto do Kalkuty, skąd dopiero po ziemi miałam zamiar przedostać się do Bangladeszu.

Kiedy wylądowałam, całą duszą cieszyłam się na tę wyprawę.

Tylko 50% mojej duszy najprawdopodobniej zdawało sobie sprawę z tego, jakie to będzie miało konsekwencje.

Choćby z tego, że niechcący wplączę się w całkiem kryminalną historię i zostanę uwięziona.

Ale po kolei.

ROZDZIAŁ 3

Bramka numer trzynaście

Połączenia są czasem szalone. Leciałam z Warszawy po południu przez Amsterdam i Bombaj do Kalkuty. Dwie przesiadki. W Bombaju wylądowałam o pierwszej nad ranem.

Jest taki moment podczas wysiadania z samolotu, kiedy mija się szczelinę między kabiną a rękawem, czyli podstawionym korytarzem prowadzącym prosto na lotnisko.

Zatrzymałam się. Była czarna noc. Gorąca, wilgotna, tropikalna. Nabrałam głęboko powietrza.

– Jestem w domu! – pomyślałam. – To jest właśnie życie!!

Z tyłu popychali mnie zmęczeni pasażerowie, którzy jak najszybciej chcieli dotrzeć do swoich domów. Ruszyłam więc dalej, przez klimatyzowany, zimny korytarz, unosząc ze sobą w myślach ten krótki moment styczności z prawdziwym światem na zewnątrz.

Westchnęłam z zachwytem. Nie mogłam się doczekać kiedy ogarnie mnie to ciepłe, łagodne powietrze, a ja codziennie będę się w nie z lubością wtulać. Jeszcze tylko kilka godzin. O trzeciej nad ranem mam samolot do Kalkuty.

Odnalazłam mój bagaż, nadałam go jeszcze raz, znalazłam bramkę numer trzynaście.

– *Be careful*[1] – pouczyła mnie naziemna stewardesa. – Nie będzie żadnego ogłoszenia o odlocie tego samolotu. Pilnuj tej bramki. Jak się otworzy, to wsiądziesz i polecisz.

– Tak jest, proszę pani – odrzekłam. – Dziękuję.

Indie!

Najbardziej niezwykły kraj na świecie!

Z jednej strony to dziwne, że nie będzie żadnej informacji o tym, że samolot jest gotowy do przyjęcia pasażerów na pokład i z której bramki będzie startował. Ale z drugiej strony – wszyscy są poinformowani o tym, że nie będzie takiej informacji, więc załoga naziemna przekazuje ją każdemu pasażerowi z osobna. To znaczy tym, którzy mówią po angielsku.

Może to jest jakiś nieważny lot? Ponadprogramowy? Albo tajny? Bo przecież głośniki na lotnisku działają. Co jakiś czas jest podawana

---

1 *Be careful* – (ang.) Uważaj, bądź uważna.

informacja o kolejnych planowanych odlotach, a pasażerowie są proszeni o przejście w odpowiednią część lotniska.

Tylko mój lot jest utajniony. Wiedzą o nim tylko ci, którzy mają tajemny bilet oraz indywidualnie odtajnioną informację o bramce numer trzynaście.

Siedzę więc i czekam. I myślę sobie, że to jest niesamowicie dziwne! Jeszcze tego samego dnia rano wszyscy ludzie dookoła byli tacy sami jak ja. Potem leciałam samolotem, oglądałam filmy, a kiedy wysiadłam, niespodziewanie jestem inna od wszystkich. Kobiety ubrane w barwne sari, szczupli mężczyźni o wystających kościach policzkowych w skromnych spodniach i koszulach. Wszyscy mają czarne oczy i czarne włosy. Nigdzie nie widzę żadnych Europejczyków. W tym tajnym locie z Bombaju do Kalkuty jestem chyba jedyną białą o niebieskich oczach.

Przygoda!

Uśmiecham się. Uwielbiam ten moment, kiedy zaczyna się moja kolejna podróż i nic nie wiem. Nie wiem co się zdarzy, nie wiem dokąd dotrę ani kogo spotkam. Gdzie utknę, co odkryję, czym się zachwycę. To wszystko przede mną.

A teraz muszę tylko pilnować trzynastej bramki, żeby złapać samolot do Kalkuty.

Druga nad ranem. Za oknami noc. Parna, ciężka od wilgoci. W poczekalni zimno. Zawijam szyję w szalik. Zjadam kilka suszonych daktyli, żeby się rozgrzać. Wyjmuję notatnik, zapisuję kilka zdań, a potem nagle widzę kątem oka dziwną pustkę. Tam, gdzie wcześniej stali ludzie z bagażami, teraz mdło odbija się w podłodze żarówka. Bramka numer trzynaście! Otwarta! Wszyscy już polecieli!

Biegnę. Wsiadam. Lecę. Kalkuta!!!

ROZDZIAŁ 4

Kalkuta! Indie!

Jasne, że sprawdziłam prognozę pogody. W Bangladeszu miało być +28 w dzień i słońce. Już nie mogłam się doczekać!

Specjalnie planuję moje samotne wyprawy na środek polskiej zimy. W Warszawie było minus dziesięć. Ja zamierzałam spędzić miesiąc w plus trzydzieści. Tak lubię najbardziej.

Sprawdziłam też oczywiście prognozę pogody dla Kalkuty, gdzie zamierzałam zostać przez dwa dni, czyli tylko tyle, żeby dostać wizę i kupić bilet na autobus. Miało być +28. Mierzone w środku dnia przy słonecznej pogodzie. Dziwne, ale całkowicie zignorowałam inny zastanawiający fakt, a mianowicie to, że temperatura przewidywana w nocy była osobliwie niska. Chyba nie chciałam tego widzieć. No, ale jeśli udajesz, że czegoś nie ma, to wcale nie oznacza, że to coś zniknie, prawda?

No właśnie.

Po ponad dwudziestu czterech godzinach spędzonych w samolotach i na lotniskach, z miłym wspomnieniem dotknięcia bombajskiej parnej nocy oraz ze szczęśliwie odebranym bagażem wyszłam z lotniska w Kalkucie.

I stanęłam jak wryta.

Mój zaskoczony umysł przeszukiwał gorączkowo pamięć podręczną. Gdzie ja miałam być? I gdzie jestem? Czy coś jest ze mną nie w porządku? Czy może coś nie w porządku jest ze światem, z którym się właśnie zetknęłam?...

Czym prędzej cofnęłam się do budynku.

Zamrugałam z niedowierzaniem.

Potrząsnęłam głową, żeby się obudzić – gdyby to miał być sen.

Ale nie był.

Żegnaj, tropikalna nocy południowych Indii! Żegnaj, gorący wietrze, który niesiesz zapach kokosowego mleka! Żegnaj, drogi Bombaju!

Witaj, mroźna Kalkuto!!!!

O rety!!!!

Było strasznie zimno!!!!

Chyba po raz pierwszy w życiu poczułam wdzięczność za to, że na lotniskach jest tak bardzo zimno. Bo tylko dlatego zawsze zabieram ze sobą ciepły polar albo lekką puchową kurtkę, a do tego na wszelki wypadek dodatkową bluzkę z długimi rękawami i szal.

Nawet kiedy wybieram się w tropiki – czyli tak jak teraz.

– Tropiki!!! – żachnęłam się.

Otworzyłam plecak i szczękając zębami czym prędzej ubierałam się w dodatkowe warstwy. Puchowa kurtka. Szal na szyję.

– Szkoda, że nie mam rękawiczek – przeszło mi przez myśl.

Ale może jestem taka zmarznięta z powodu długiej podróży? Sztuczne światło, klimatyzowane, suche powietrze, samolotowe jedzenie, brak snu – może to sprawia, że niewłaściwie odbieram temperaturę na zewnątrz.

– Tak, na pewno – pocieszyłam się.

Wystarczy znaleźć hotel, wziąć gorący prysznic i zjeść porządne śniadanie. Wtedy wszystko wygląda lepiej.

Kalkuta! Indie! Początek mojej nowej, fantastycznej wyprawy. Cudownie! Taksówka. Adres hotelu wyszukanego w przewodniku. Błękitny świt. Puste miasto. Kierowca skulony z zimna. I ja skulona na tylnym siedzeniu.

Będzie dobrze!

ROZDZIAŁ 5

Hotel bez nazwy

Jest taka słynna uliczka Sudder w starej części Kalktuty. Niedaleko głównej siedziby straży pożarnej, poczty, targowiska, najstarszego muzeum w Indiach i domu, gdzie przez pewien czas mieszkał poeta Rabindrath Tagore. Niektórzy mówią, że to jest turystyczne getto Kalkuty. Ale w pozytywnym sensie, bo jest tam sporo tanich hoteli, barów, agencji podróży i kantorów wymiany waluty. A oprócz tego normalnie toczy się życie.

Rikszarze boso ciągną riksze, ledwie mieszcząc się między samochodami. Przy krawężnikach stoją sprzedawcy ulicznego jedzenia i owoców. Na targowisku jest zgiełk i ścisk. Powiewają szale z paszminy, czyli najdelikatniejszej wełny z sierści himalajskich kóz. We wnękach domów parują garnki ze świeżo zagotowaną herbatą, stukają gliniane czarki i monety w tekturowym pudełku. Ale przepraszam, wybiegłam w przyszłość.

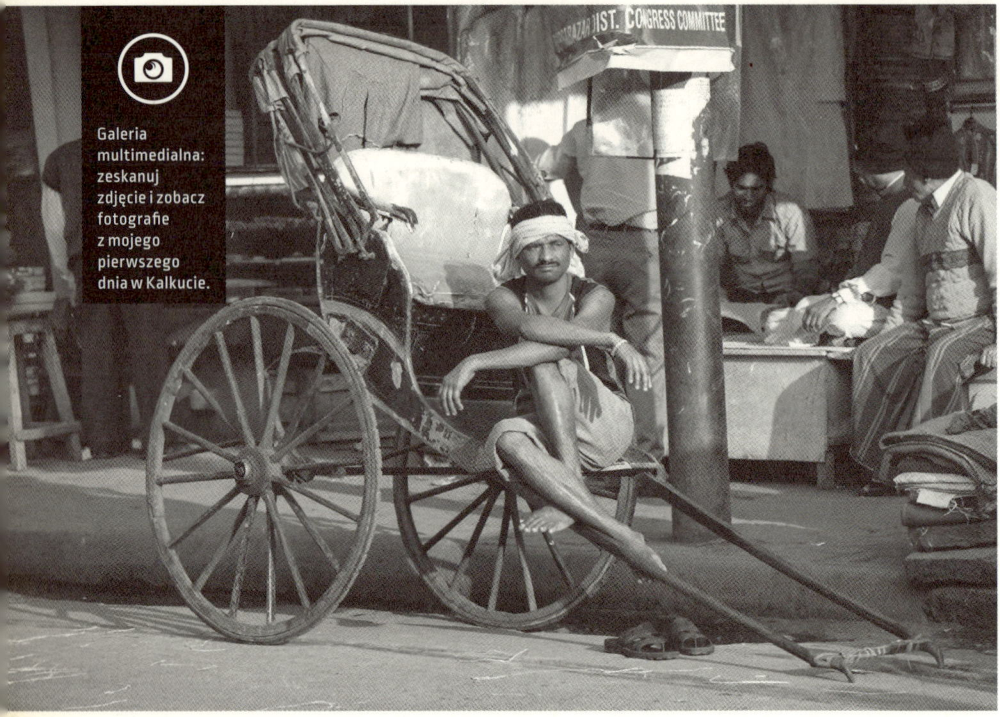

Galeria multimedialna: zeskanuj zdjęcie i zobacz fotografie z mojego pierwszego dnia w Kalkucie.

Tak jest dopiero w ciągu dnia.

Na razie był przenikliwie zimny, szary świt.
Pusto na ulicach.
Taksówkarz spojrzał na mnie i powiedział:
– To chyba tutaj.

No, chyba tutaj. Bo skąd ja to mogę wiedzieć? Widziałam jakieś szyldy z nazwami hoteli. Jeśli kierowca mówi, że dotarliśmy na miejsce, to chyba ma rację, prawda?

– Ale ten hotel jest zamknięty – dodał.

– Zamknięty? – zdumiałam się.

No rzeczywiście, przecież napisałam do nich maila i nie dostałam odpowiedzi. Założyłam, że kiedy dotrę na tę słynną uliczkę Sudder, na pewno znajdę jakiś hotel, skoro miało ich być tutaj tak dużo.

Tak dużo?...

Rozejrzałam się niepewnie.

– Czy to jest Sudder Street? – zapytałam.

– *What street?*[2] – kierowca zmarszczył czoło.

– Sudder – powtórzyłam wyraźnie. – Sudder Street.

– No chyba Sudder – odrzekł kierowca wzruszając ramionami. – Chciałaś jechać do tego hotelu, tak?

– No tak – odparłam bez przekonania.

To była najbardziej pusta i nieżywa uliczka, jaką można było sobie wyobrazić. Bardziej przypominała kogoś złożonego od dawna niemocą niż popularny szlak dla turystów. Ze ścian wystawały krzywe rynny, nadgniłe od wilgoci tablice i zarośnięte grzybem stopnie.

– Ten hotel jest zamknięty – powtórzył kierowca.

Rzeczywiście. Wszystkie drzwi w zasięgu mojego wzroku były zaryglowane. Nikt nie odpowiadał na stukanie i walenie w okna. Ale na ulicy pojawili się dwaj goście zawinięci w szaliki.

– Szukasz hotelu? – zaproponowali natychmiast. – Dobry hotel! Tanio! Zaprowadzę cię!

– Nie, nie, nie, dziękuję! – powiedziałam natychmiast.

---

2 *What street?* – (ang.) Jaka ulica?

Indie słyną z transakcji wiązanych. Idziesz do hotelu polecanego przez „przypadkowo" spotkanego przechodnia i płacisz dodatkową prowizję, bo twój przewodnik w rzeczywistości jest wynajęty przez hotel do poszukiwania klientów. Tak samo jest ze sklepami i nawet budkami na targowisku. I bardzo często takimi agentami są też taksówkarze, którzy dostają określoną kwotę za dowiezienie klienta do hotelu, z którym współpracują.

Zapomniałam o tym drobnym fakcie.

Dawno już nie byłam w Indiach.

Spojrzałam na kierowcę. Przecież nie będę o świcie w kompletnie pustym mieście na piechotę i po omacku szukała hotelu.

– Ja znam jeden hotel – zaoferował się natychmiast. – Niedaleko stąd.

– Jedźmy – powiedziałam tylko.

I pojechaliśmy.

Tknęło mnie natychmiast, jak tylko wysiadłam z taksówki, a kierowca razem ze mną poszedł na recepcję.

„Recepcję"! O rety!

Na dole nie było żadnego szyldu. Trzeba było wejść w ciemną, ponurą bramę, kilkadziesiąt metrów dalej skręcić w lewo, znaleźć wąskie wejście, wspiąć się na pierwsze piętro i zastukać do szklanych drzwi.

Jeden raz. Drugi raz. Trzeci raz.

Po drugiej stronie nagle zabłysła lampka, a obok niej pojawiła się rozczochrana głowa i oczy sklejone od snu. Patrzyły na mnie jak na ducha.

– Otwórz drzwi! – zawołał taksówkarz.

Recepcjonista spał na podłodze za kontuarem. Wstał, podciągnął spodnie, wygładził koszulę. Otworzył drzwi i patrzył na mnie ze zdumieniem.

– Dzień dobry – powiedziałam po angielsku.

Skinął głową. Chyba nie był w stanie jeszcze niczego z siebie wykrztusić. Taksówkarz coś mu wyjaśniał w języku hindi.

– Czy ma pan pokój? – zapytałam.

– *Yes, yes* – wymamrotał. – *A room. How many people?*[3]

– *One.* Jedna osoba.

– *How many nights?*[4]

– Na razie jedna noc. Bez klimatyzacji – dodałam od razu, bo nigdy jej nie używam. – Jest gorąca woda?

– Nie ma, nie ma – powtarzał rozczochrany recepcjonista. – Jeden pokój, zaraz sprawdzę, muszę poszukać, to chwilę potrwa, momencik.

Ten hotel wyglądał tak, jakby nie było w nim żadnego gościa od pięćdziesięciu lat. Ukryty daleko od ulicy, pachnący brudem i myszami, oświetlony zimnym światłem starych jarzeniówek, pusty, zimny i cichy.

– No, ale to tylko na jedną noc – pocieszałam siebie. – Chodzi tylko o to, żeby gdzieś zrzucić bagaż, napić się gorącej kawy i pojechać do konsulatu Bangladeszu po wizę. Dam radę.

– Dam radę – powtórzyłam w myślach na widok mojego pokoju.

Urwana umywalka w ścianie. Wąska prycza z brudnym prześcieradłem. Goła żarówka na suficie.

---

3 *A room. How many people?* – (ang.) Pokój. Ile osób?

4 *How many nights?* – (ang.) Ile nocy?

– Ile kosztuje ten pokój? – zapytałam.

– Tysiąc rupii – odrzekł bez mrugnięcia okiem recepcjonista.

– Jest gorąca woda? – zapytałam z powątpiewaniem patrząc na zwisającą ze ściany umywalkę.

– O nie, nie ma gorącej wody – odrzekł nieco tęsknym głosem. – Ale woda trochę leci.

Odkręcił kran. Rzeczywiście, trochę leciała. Lodowato zimna.

– Łazienka jest tam dalej w korytarzu – podsunął taksówkarz.

– Zaraz przyniosę świeżą pościel – zapewnił recepcjonista.

– Dobrze, wezmę ten pokój – postanowiłam.

– Zapłacić z góry – powiedział natychmiast recepcjonista.

Oczywiście. Położyłam banknot na kontuarze.

Nie miałam innego wyboru w zimnym, pustym mieście, które jeszcze się nie obudziło.

ROZDZIAŁ 6

Kalkuta. Siódma rano

Wiza do Bangladeszu. I gorąca kawa.
A nie, przepraszam.

Gorąca kawa. A dopiero potem wiza do Bangladeszu.

Wyszłam na ulicę. Naciągnęłam kaptur na głowę. Ach, dzięki ci, Boże, że zabrałam w tę podróż puchową kurtkę z kapturem! Zazwyczaj podróżowałam z ciepłym polarem. Był fantastyczny, bo ogrzewał i zatrzymywał wiatr, ale miał też wady. Był duży i dość ciężki. Zajmował prawie pół plecaka. W porównaniu z nim ta moja nowa kurtka puchowa to cud świata. Można ją upchnąć w woreczek wielkości pięści i waży tyle, co garść piór. No i ma kaptur!

Ściągnęłam mocniej sznurki przy szyi.
Dokąd dalej?...

Miasto jeszcze spało. Bary, restauracje i nawet budki uliczne były jeszcze zamknięte. Może to tylko na tej dziwnej uliczce wciśniętej między domy. Jest już przecież prawie siódma rano!

Ludzie na pewno siedzą w ciepłych barach i piją gorącą kawę.

Prawda?

Tak byłoby w centrum Krakowa i Warszawy, tak byłoby w starej części Bogoty, Limy i Rio de Janeiro. Tak byłoby w Nowym Jorku i w Londynie.

Ale tak wcale nie jest w Kalkucie.

Hej ho!

Podróżowanie to nieustanna nauka czegoś nowego. Kiedy już myślisz, że coś znasz i rozumiesz, życie od razu popycha cię do miejsca, gdzie wszystkie znane ci zasady po prostu nie istnieją.

Bo w gruncie rzeczy nie ma zasad. Nie ma niczego takiego, co można by uznać za „normalne" i „oczywiste" w danej sytuacji. To może być normalne tylko w odniesieniu do konkretnego przypadku, a ludzie odruchowo przyjmują, że jeśli tak jest „zawsze" w miejscach, które znam, to znaczy, że tak jest wszędzie.

Ale nie jest.

Nie ma niczego stałego.

Nie ma niczego, co jest „zawsze".

A życie to niekończąca się lekcja nowych możliwości.

Bo nowe możliwości uczą nowego sposobu myślenia. Rozsuwają perspektywy i horyzonty. Otwierają to wszystko, co było zamknięte, a ty nawet nie zdawałeś sobie z tego sprawy.

I w podróży jest oczywiście tak jak w życiu.

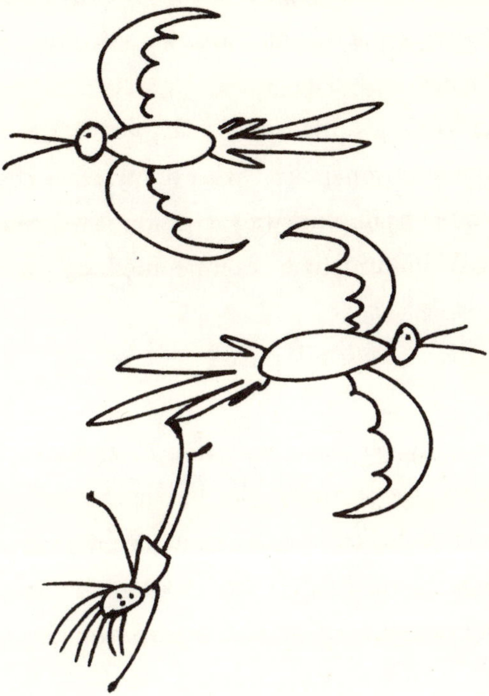

Życie to
niekończąca się lekcja
nowych możliwości

W Rzymie, w Toronto, w Caracas i w Sydney siedziałabym teraz w ciepłym wnętrzu, trzymając w dłoniach kubek z gorącą kawą, czułabym jej cudowny zapach i z bezpiecznej odległości patrzyłabym przez szybę na budzący się świat.

Ale w Kalkucie jest inaczej.

Idę skulona po zimnej ulicy. Szare domy, szary chodnik, szare niebo. Gryzący chłód jest jak pluskwa spragniona świeżego ciała. Wciska się uparcie w każdą najmniejszą szczelinę między ubraniem, kąsa w plecy, w szyję, w kostkę.

Może to dlatego jest tak pusto.

Może ten indyjski chłód jest jak atak żarłocznej szarańczy, przed którą nie można się obronić, więc ludzie zawczasu zatrzaskują drzwi i okna, kryją się w łóżkach i szlafrokach, żeby przeczekać trudny czas.

Tylko tacy dziwacy jak ja wychodzą na dwór. Szczękają zębami, tulą ramiona i przemierzają bezludne ulice w nadziei znalezienia odrobiny ciepła.

A może to tylko kwestia czasu.

A może to ja widzę rzeczy inaczej, bo jeszcze nie przestawiłam się na indyjski czas i indyjską duszę.

Sudder Street. Ta słynna, gdzie miało się roić od hoteli, barów i biur podróży. Jest pusta, zimna i cicha. Wszystko pozamykane, zatrzaśnięte, zabite deskami jakby na wieczność. Skręcam w prawo.

Och, czy wiesz jak to jest wyjść z domu o czwartej nad ranem, spędzić kilkadziesiąt godzin w trzech samolotach, by w końcu dotrzeć do celu, wylądować, a potem krążyć ze zdumieniem po bezludnych ulicach w przeraźliwie zimny poranek?

No właśnie. Tak się czułam.

Jak abstrakcyjny przybysz z innej planety.

Moje ciało wylądowało. Moje aparaty fotograficzne, notatniki i ubranie. Wszystkie moje bagaże wylądowały. Ale moja dusza wciąż znajdowała się w drodze. Gdzieś pomiędzy Warszawą, Bombajem a Himalajami. I wszystko wskazywało na to, że chwilowo straciła sterowność, zegary pokładowe wariują, a urządzenia naprowadzające przestały działać.

Kawy!!! Potrzebowałam kawy i porządnego śniadania!!!

Gdzie się podziały cudowne zatłoczone restauracje, które znałam z Bombaju? Gdzie kramy z owocami, które widziałam w New Delhi? Gdzie przytulne bary ze starej dzielnicy Vijayawady? Ha! I co z tego, że byłam wcześniej w Indiach dwa razy i spędziłam tu kilka tygodni?

Kalkuta to miasto na północno-wschodnim skrawku kraju.

Jest zupełnie inna od reszty Indii. I jak bardzo inna wtedy jeszcze nawet nie zdawałam sobie sprawy.

ROZDZIAŁ 7

Świat jest piękny!

– *Hello, Ma'am!*[5]

Zatrzymałam się. Wysunęłam oko spod szala i spotkałam drugie oko, tak samo jak moje troskliwie opatulone. W dodatku było to oko czytające w ludzkich myślach, bo jego właściciel dodał:

– *Best tea and coffee you get here!*[6]

Serio??!!!!

Wytknęłam spod szala drugie oko.

Niebieska drewniana skrzynia, niebieska ława i niebieski płaski wózek na rowerowych kołach. Bosy tubylec zawinięty w kilka kawałków spłowiałego materiału. Skulony z zimna tak samo jak ja. Spod szala wystawały mu tylko oczy.

---

5 *Hello, Ma'am* – (ang.) Dzień dobry pani! *Ma'am* to skrócona forma *madame*.

6 *Best tea and coffee you get here* – (ang.) Tu dostaniesz najlepszą herbatę i kawę!

Best tea and coffee you get here!

Galeria multimedialna: zeskanuj zdjęcie i zobacz jak gotuje się moja kawa, a obok ludzie rozgrzewają się przy ognisku rozpalonym na ulicy.

– *Coffee?* – zapytałam, żeby się upewnić czy dobrze słyszałam.
– *Yes, yes, coffee!* – zapewnił mnie.

Było zimno i bezludnie. Na tym kawałku chodnika też. Nie gotował się żaden czajnik, nie parowały placki, nic nie zapowiadało cudownej bliskości śniadania. Ale na wózku leżały mandarynki, a na skrzyni stało kilka garnków i misek. Uznałam, że to jest najbliższa chwilowo możliwa forma kuchni i postanowiłam skorzystać z szansy. Usiadłam na ławie.

Dziwna rzecz.

Kucharz był zmarznięty i jego bosy pomocnik w koszuli i spodniach do kolan też trząsł się z zimna. Dlaczego nie ubiorą się cieplej skoro wiedzą, że wcześnie rano panuje taki ziąb?

Pomocnik kucnął przy metalowej misce. W lodowatej wodzie umył kubek. Wyjął garść ziaren kawy ze słoja, wsypał je do metalowego kubka, postawił go na ziemi. Wziął do ręki drewniany tłuczek. Poobijany, starty z jednej strony, taki tłuczek, który pamiętał czasy maharadżów i brytyjskiego imperium. Być może nawet rozbijał kiedyś ziarna kawy dla angielskiej królowej.

Teraz rozbijał je dla mnie. Ręcznie, w metalowym kubku z naderwanym dnem, z którego część kawy wysypywała się na ziemię.

I nagle zrozumiałam dlaczego dwaj zmarznięci panowie nie są ubrani w cieplejsze rzeczy. Bo prawdopodobnie wcale ich nie mają.

A poza tym cierpienie też ma swój sens. Bo tym bardziej słodko smakuje wtedy to wszystko, co jest przyjemne, ciepłe i wygodne. A prawdziwy człowiek jest w stanie docenić fakt odczuwania cierpienia, ponieważ daje mu ono szansę zmierzenia się z własnymi słabościami i tym lepiej przygotować się na słodką ulgę kiedy cierpienie minie.

Kucharz spojrzał na mnie czarnymi oczami znad szala opasującego głowę. W Indiach raczej nie nosi się czapek. Ale wszyscy mają szale, którymi w razie potrzeby otulają głowy, twarze i szyje. Jeżeli wiesz jak to zrobić, wystarczy nawet zwykły wąski szalik.

Popatrzyliśmy sobie w oczy. Jakoś cieplej mi się zrobiło.

Zobacz jakie to proste. Ubogi właściciel metalowego kubka z naderwanym dnem, który o świcie w Kalkucie rozstawia na ulicy swój skromny wózek z herbatą i blondynka podróżniczka w puchowej kurtce, która właśnie przyleciała do Indii samolotem z Europy. Tak samo czekają na słońce, które ich rozgrzeje. I tak samo będą się z tego słońca cieszyć.

Przytuliłam się do kubka z gorącą kawą.

Na skraju ulicy kilku mężczyzn rozniecilo ognisko. Z papierów, drewnianych drzazg i gazet. Zawsze tak robią kiedy jest zimno. Przystają, wystawiają do płomieni zziębnięte ręce, zamieniają kilka słów, a potem idą dalej, każdy w swoją stronę. Nie narzekają na to, że jest zimno, tylko po prostu akceptują ten fakt, zawijają się w tanie wełniane szale i żyją.

Jest jak jest.

To największa sztuka pod słońcem – żeby z głębi serca chcieć nauczyć się wdzięczności za to, co się ma, niezależnie od tego jak bardzo więcej chciałoby się mieć. Zamiast wiecznie żądać i pragnąć czegoś innego, zgodzić się w duszy na fakt, że jest jakiś szczególny sens w tym, gdzie jestem i co mam. Nawet jeśli tego w pełni nie rozumiem, to ufam, że tu gdzie jestem, mam coś ważnego do zrobienia. A dopiero później będę mógł znaleźć się gdzieś indziej.

Nie chodzi o minimalizm i uwielbienie ubóstwa, ale o nić porozumienia ze swoim przeznaczeniem.

Oni to wiedzą.

Nie rozumem, ale sercem.

I ja to wiem, siedząc na drewnianym kufrze na indyjskiej ulicy, ściskając w rękach metalowy kubek z cudowną gorącą kawą ugotowaną z ręcznie rozbitych ziaren.

Świat jest piękny!!!

ROZDZIAŁ 8

Okienko po lewej stronie

To jest miasto nieopisane!!!

Miasto miliona słów, których nie wystarczy, żeby je opowiedzieć i opisać.

To jest najżywsze wcielenie samego ŻYCIA.

Czysta prawda, niezafałszowana przez pozory.

Prawdziwe życie w swoim najbardziej intensywnym i przejmującym obrazie. 100% doznań.

Po zimnym bezludnym świcie na ulicach niespodziewanie nastąpiła zmiana. Warkoczącymi stadami nadjechały żółte taksówki, które rozsypały się po szarych jezdniach jak słoneczne chrząszcze. Z uśpionych

Galeria multimedialna: zeskanuj zdjęcie i zobacz jak wygląda Kalkuta – miasto nieopisane.

bram wypłynęły metalowe riksze ciągnięte przez bosych mężczyzn w spódnicach[7].

Bulgotała woda w imbrykach sprzedawców herbaty, którzy na chodniku podają gorący napar w glinianych czarkach. Skwierczał tłuszcz pod smażonymi plackami. Ryczały ponaglające klaksony wszystkich kierowców biorących udział w ruchu ulicznym. Życie! Jeśli chcesz zostać dostrzeżonym, trąb! Jeśli chcesz wymusić pierwszeństwo, trąb jeszcze głośniej! Jeśli jesteś bosym rikszarzem, naucz się biegać slalomem między innymi uczestnikami ruchu.

---

[7] To specjalne męskie spódnice, tradycyjny strój zwany *dhoti*, zrobione z prostokątnego pasa bawełny upiętego w pasie.

A jeśli jesteś podróżnikiem z innej części świata i pasażerem indyjskiej rikszy lub taksówki, to lepiej zamknij oczy. W przeciwnym razie najprawdopodobniej będziesz miał ochotę bez przerwy wrzeszczeć ze strachu.

Tysiąc razy będziesz miał wrażenie, że za chwilę nastąpi zderzenie i rozgniecenie mniejszego pojazdu przez większy. A ty oczywiście znajdujesz się w tym mniejszym. O centymetry wymijasz nadjeżdżający z naprzeciwka ryczący klaksonem i buchający czarnym dymem autobus. Prawie stykasz się z karoseriami samochodów ściśniętych w korku. Zostajesz porwany przez falę startujących pojazdów i nie wierzysz własnym oczom jak to możliwe, że kilkaset metrów dalej wszyscy wciąż żyją, a rikszarz wciąż biegnie przed siebie na bosych stopach.

Ufff!...
To prawdziwy cud!

Takie rzeczy są możliwe tylko w tym najbardziej niezwykłym mieście świata. Tylko tutaj istnieją jeszcze riksze ciągnięte siłą ludzkich mięśni. I tylko tutaj przy ruchliwej ulicy jest taki wielki szary budynek, przy którym ciągnie się sznur kolorowo ubranych ludzi. Konsulat Bangladeszu!

Hurra!

Ale zaraz. Kolejka ma kilkaset metrów długości. Czy ci wszyscy ludzie czekają na wizę do Bangladeszu?... Od kiedy jest to najbardziej popularny kraj na świecie? A może to dlatego, że jest tak blisko? A może to są mieszkańcy Bangladeszu, którzy potrzebują jakiejś ważnej pieczątki, żeby wrócić do domu?

Przeciskałam się między ludźmi na wąskim chodniku aż w końcu dotarłam do drzwi. To rzeczywiście był konsulat Bangladeszu. Tyle że zamknięty na cztery spusty. Do środka w ogóle nie można było wejść. Wszyscy czekali przed dwoma okienkami. A raczej, przepraszam, wszyscy czekali pod okienkiem po prawej stronie. Drugie okienko było przeznaczone dla obywateli z zagranicy. Czyli dla mnie. I ja byłam tam jedyną osobą, co i tak nie miało wielkiego znaczenia, bo oba były zamknięte.

– Wiza, wiza? – zagadnął mnie gość w białej koszuli.

– Tak?

– Musisz wypełnić formularz – oświadczył. – Sto rupii!

– Oczywiście! – zgodziłam się natychmiast i z wdzięcznością wzięłam białą kartkę. – Sto rupii, proszę bardzo.

Skinął głową i odszedł.

Zabawne. W tamtej chwili ja byłam szczęśliwa, że zdobyłam formularz, a on był zadowolony, że zarobił sto rupii. Dopiero później dowiedziałam się, że te formularze są oczywiście bezpłatne i można je sobie wziąć z okienka do wypełnienia.

Było około dziewiątej rano. Bardzo zimno. Żadnej informacji. Żadnego strażnika, którego można by zapytać o godziny przyjmowania wniosków i zasady działania konsulatu. No, ale był dziki tłum

Konsulat Bangladeszu w Kalkucie

Galeria multimedialna: zeskanuj zdjęcie i zobacz film z ulic Kalkuty.

oczekujący na coś, a skoro ludzie przyszli tutaj wcześnie rano i tak długo czekają, to zapewne wiedzą na co.

Postanowiłam czekać i ja.

Dopchałam się do okienka po lewej stronie. Ha, dziwna rzecz. Na tabliczce było jak wół napisane, że otwierają o 9.15. Dochodziła dziesiąta. Stukam w okienko. Odpowiada dystyngowana, wielka, przepastna, indyjska cisza. Nikogo chyba nie ma tam po drugiej stronie.

Tłum napiera.

Otworzyło się okienko dla obywateli Indii! Stanął w nich poważny, surowy urzędnik w szarawej koszuli i krótkimi, władczymi słowami załatwiał petentów. Nawet gdybym chciała, nie byłabym w stanie się do niego dopchać.

Tłum w Indiach jest zupełnie inny niż w innych częściach świata.

W Polsce nawet kiedy jest ciasno, dałbyś radę się wcisnąć. Możesz krzyknąć, wślizgnąć się pomiędzy stojących ludzi, rozepchnąć ich albo innym sposobem przedostać się na drugą stronę.

W Indiach ścisk jest splątany, gęsty i tak ciasny, że nawet zapałki w niego nie wetkniesz. Ludzie stoją bok przy boku, plecy przy plecach, podpierając siebie wzajemnie i jednocześnie nacierając ciągle do przodu. Nikt nie czeka. Wszyscy chcą przedostać się do pierwszego rzędu. Mają ponadnaturalną umiejętność giętkiego wślizgiwania się i zajmowania każdego centymetra dostępnej przestrzeni. Dlatego tak trudno jest się przez nich przecisnąć.

Nawet nie próbowałam.

Tym bardziej, że miałam przecież swoje okienko. Wprawdzie nieczynne i głuche, ale prędzej lub później ktoś zapewne je otworzy.

Przypominałam o sobie co pewien czas, waląc do niego pięścią, a potem spokojnie wracałam do uzupełniania notatek.

I to mnie uratowało.

Bo gdybym nie stała oparta o drewniany parapet z ciałem przyciśniętym do muru, to w następnej chwili zostałabym zapewne zmieciona tajfunem atakujących tubylców.

Drgnęło okienko po lewej stronie!!!

Ludzie natychmiast rzucili się w jego stronę, a ja zdążyłam tylko wbić paznokcie w drewniany parapet i chwycić się go z całej siły.

Nie puszczę!!! Nie dam się odepchnąć!!! Nie odpłynę wraz z falą osób spychanych na krawężnik!!! Aaaaaaa!!!!! Wytrzymam!!! Choćbym miała chwilowo rozstać się z moimi nogami porwanymi przez przesuwający się raptownie tłum!!!! Nie puszczę!!!!

Coś zastukało od wewnątrz. Ktoś tam był!!! Jest szansa na to, że w okienku pokaże się boski urzędnik, którego mocarne dłonie rozdają wszechwładne pieczęcie i podpisy!!!

Wytrzymam!!! Będę pierwsza!!!

Aaaaaaaa!!!!

ROZDZIAŁ 9

Wróć później

Wisiałam uczepiona drewnianego parapetu pod okienkiem wśród szarżującego tłumu. I nagle nad moją głową rozbłysła światłość.

Drzwiczki otworzyły się i stanął w nich urzędnik konsulatu!!!

Jednym krótkim spojrzeniem ocenił sytuację i warknął, że to jest okienko tylko dla obcokrajowców, więc niech ludzie się przesuną dalej. Natychmiast tłum zwiotczał, a ludzie posłusznie zrobili krok w bok.

Zostałam tylko ja.

Dysząca po dzielnym odparciu szalonego szturmu, wbita paznokciami w parapet.

Uniosłam oczy.

Urzędnik stał nade mną na podwyższeniu i patrzył w dół z lekką odrazą.

Uśmiechnęłam się.

– *What?*[8] – zapytał.

Zabrzmiało to jak „Czego tu chcesz".

– *Good morning*[9]*!* – zaczęłam wesoło. – Jestem z Polski! Chcę jechać do Bangladeszu! Tu jest mój paszport, tutaj wypełniony formularz, a tutaj zdjęcia!

Spojrzał na mnie ze zmarszczonymi brwiami. Wyraźnie w czymś mu przeszkadzałam. Po co takie dziwne osoby jak ja pchają się rano do konsulatu i zmuszają urzędników do robienia czegoś, na co zupełnie nie mają ochoty?

Dotknął palcami tekturowego kubka z gorącą herbatą z mlekiem.

Spojrzał na mnie jeszcze raz.

Rozmowa była krótka.

– Dlaczego nie ubiegałaś się o wizę w swoim kraju?

– W Polsce nie ma przedstawicielstwa dyplomatycznego Bangladeszu.

– Na pewno jest gdzieś niedaleko.

– W Belgii. To daleko od Polski.

– Gdzie będziesz mieszkać w Bangladeszu?

– W hotelu.

– W jakim hotelu?

– Nie wiem jeszcze, mam przewodnik, tam jest dużo polecanych hoteli.

– Wymagamy od każdego turysty, żeby miał rezerwację hotelu.

– Znajdę jakiś hotel! – zapewniam go. – Mam dobry przewodnik!

---

[8] *What?* – (ang.) Co?

[9] *Good morning!* – (ang.) Dzień dobry!

Ledwie dostrzegalnie urzędnik kręci głową z niezadowoleniem. No tak. Ci turyści! Nieprzygotowani! Nieodpowiedzialni! Co oni sobie właściwie myślą?

– Często podróżuję w taki sposób – dodaję pośpiesznie. – Podróżowałam sama po Ameryce Południowej, Afryce i Azji! Mam duże doświadczenie i naprawdę nigdy nie potrzebowałam żadnych rezerwacji.

Parujący kubek z herbatą szybko stygł. Zdaje mi się, że to przyśpieszyło decyzję urzędnika. Prosta sprawa. Albo kontynuujesz rozmowę z obcą zmarzniętą blondynką stojącą u twoich stóp, która pochodzi z kraju, gdzie nie wydaje się wiz. Albo zamykasz okienko i wracasz do kubka ze słodką herbatą.

Proste?

Podniosłam pełne nadziei oczy.

– Otóż – oświadczył urzędnik. – W tej chwili nie wydajemy wiz żadnym obcokrajowcom.

– Jak to? – sapnęłam. – Dlaczego?

– Wróć później. Może wtedy dostaniesz wizę.

– Oczywiście! – zgodziłam się z radością.

Hurra!!! Może po prostu potrzebują więcej czasu, żeby dokładnie przeczytać moje podanie, sprawdzić fakty i tak dalej.

– Kiedy? Dzisiaj po południu?

Urzędnik spojrzał na mnie ciężkim wzrokiem.

– Za miesiąc! Być może wtedy.

I zatrzasnął okienko.

ROZDZIAŁ 10

Urząd

Zostałam na chodniku z rozdziawionymi ze zdumienia ustami.

– Halo! Proszę pana! – zastukałam w okienko.

Ale to był koniec rozmowy.

Spojrzałam na ludzi dookoła, ale oni byli zajęci walką o dopchanie się do drugiego okienka i załatwienie swojej prośby. Poza tym wiesz jak jest. Urzędnik wydał na ciebie wyrok, więc jest po sprawie. Następny!

– O rety, rety, jakie to dziwne! – pomyślałam, zbierając swój notatnik, długopis i małe paszportowe fotografie, które dołączyłam do wniosku.

Oszołomiona wycofałam się z kolejki.

I co teraz?...

Zgiełkliwy gwar nie milknął. Ludzie przekrzykiwali się, głośno rozmawiali, a urzędnik w okienku dla tubylców rozdzielał ze swojej władczej wysokości decyzje.

A więc to wszystko właściwie sprowadza się do tego jakie postanowienie wyda o tobie ktoś zatrudniony w urzędzie.

To urząd rządzi życiem człowieka. Urząd przydziela ci pieniądze jeśli jesteś chory albo zostawia ciebie na łasce losu jeśli nie spełniasz wymogów określonych w przepisie.

Urząd zezwala ci na podróżowanie, bo wydaje ci łaskawie paszport, ale przedstawiciel innego urzędu może zatrzymać cię na granicy i powiedzieć, że nie wpuści cię do następnego kraju.

Urząd pozwala ci wsiąść do samolotu – albo i nie, jeśli wydasz mu się podejrzany.

Urząd nadaje ci numer identyfikacyjny jak wszystkim innym przedmiotom w biurze i jeśli czegokolwiek chcesz, musisz meldować jaki jest twój PESEL, NIP, numer dowodu osobistego albo paszportu. A jeśli odmówisz, to przyślą po ciebie urząd policyjny.

Ty jako ty jesteś nieważny.

Liczysz się tylko jako element w statystyce.

I kurczę, ciągle zawracasz głowę urzędnikom swoimi niepotrzebnymi sprawami.

I niestety, niewiele jest takich krajów na świecie, gdzie urzędnik może poczuć się komfortowo i po prostu zatrzasnąć ci okienko przed nosem kiedy nie chce dalej z tobą gadać.

Wyobrażasz sobie?

W Polsce urzędnik musi się przedzierać przez dżunglę przepisów i uważać, żeby żadnego nie naruszyć.

I właściwie kiedy spojrzeć na to z pewnej odległości, okaże się, że urzędy w Polsce i w Indiach działają na prawie takiej samej zasadzie, różnią się tylko w teorii.

Bo przecież najważniejszy wcale nie jest człowiek, który zgłasza się do urzędu w potrzebie.

Najważniejsze jest to, żeby działać ściśle w ramach obowiązujących przepisów. Urzędnik nie jest po to, żeby pomagać, ale żeby przestrzegać procedur. Koniec i kropka.

O rety, rety. Moja wiza do Bangladeszu. Moja wyprawa.

I co teraz?...

Spokojnie. Po kolei.

Głodny umysł źle pracuje.

Najpierw śniadanie. I kawa.

A potem na nowo rozejrzę się po otaczającej mnie indyjskiej rzeczywistości.

To jest przecież dopiero pierwszy dzień tej wyprawy.

Mam jeszcze trzydzieści fantastycznych, pełnych dni.

Na pewno coś wymyślę.

ROZDZIAŁ 11

Wdzięczność. I nadzieja

Głód to dziwny stan.

To wielki wewnętrzny krzyk rozdzierający wnętrzności. Nie można go zignorować, bo napada na myśli i rozszarpuje je na strzępy. Jest jak chłostanie batem po gołych plecach. Bezlitośnie spada z kolejnym ciosem, rani, boli i przygina człowieka do ziemi.

Mam na myśli prawdziwy głód. Nie ochotę, żeby coś zjeść.

Taki stan, kiedy cały twój organizm staje dęba, odmawia współpracy i żąda tylko jednego: jeść!!! Nie chce myśleć, chodzić ani czytać. Koncentruje się wyłącznie na podtrzymywaniu życiowych funkcji, czyli oddychaniu, tłoczeniu krwi i dostarczaniu twoim komórkom potajemnych rewolucyjnych zastrzyków. Po to, żeby wszystkie wrzeszczały w tobie:

– Jeść!!!!!!!!!

W takim mniej więcej stanie byłam tamtego indyjskiego poranka. Schowałam paszport, podrzuciłam plecak na ramionach i wyruszyłam na poszukiwanie śniadania. Bo nie da się podejmować ważnych decyzji bez dostarczenia umysłowi zdrowej energii.

Bar! Cudownie! Siadam i już chcę zamawiać, to znaczy zamawiam, ale słyszę w odpowiedzi:

– Nie, nie, nie!

Jak to nie? Dlaczego nie? Tak cudownie parują tutaj gorące garnki! A przy stołach siedzą rozgrzani jedzeniem zadowoleni ludzie! Ale zaraz. Rzeczywiście. Tu siedzą sami faceci. Nie ma ani jednej kobiety. I wszyscy są tacy... bardzo czyści. Zaraz, zaraz. I te białe czapeczki na głowach.

– Gorący ryż? – pytam jeszcze raz z nadzieją.

– Nie ma, nie ma – powtarza kucharz.

– Ja tylko chcę gorący ryż i warzywa.

– *Sorry, no veg*[10]*!* – kręci przecząco głową.

Zaraz. Jak to. W Indiach nie ma wegetariańskiego??? No co wy, ludzie? Przecież Indie to jest najbardziej wegetariański kraj na świecie! Wszyscy są wegetarianami!!! A jeżeli chcesz znaleźć mięso, to musisz się bardzo natrudzić i szukać bardzo nielicznych barów z napisem *Non veg.*

Dla wszystkich jest jasne, że każdy bar jest wegetariański, więc nikt nie musi tego specjalnie zaznaczać.

Wyszłam na chodnik.

---

[10] *Sorry, no veg* – (ang.) Przykro mi, nie ma wegetariańskiego (jedzenia).

Indie są takie,
jakie są.

Wyjątkowe.

Inne od wszystkiego

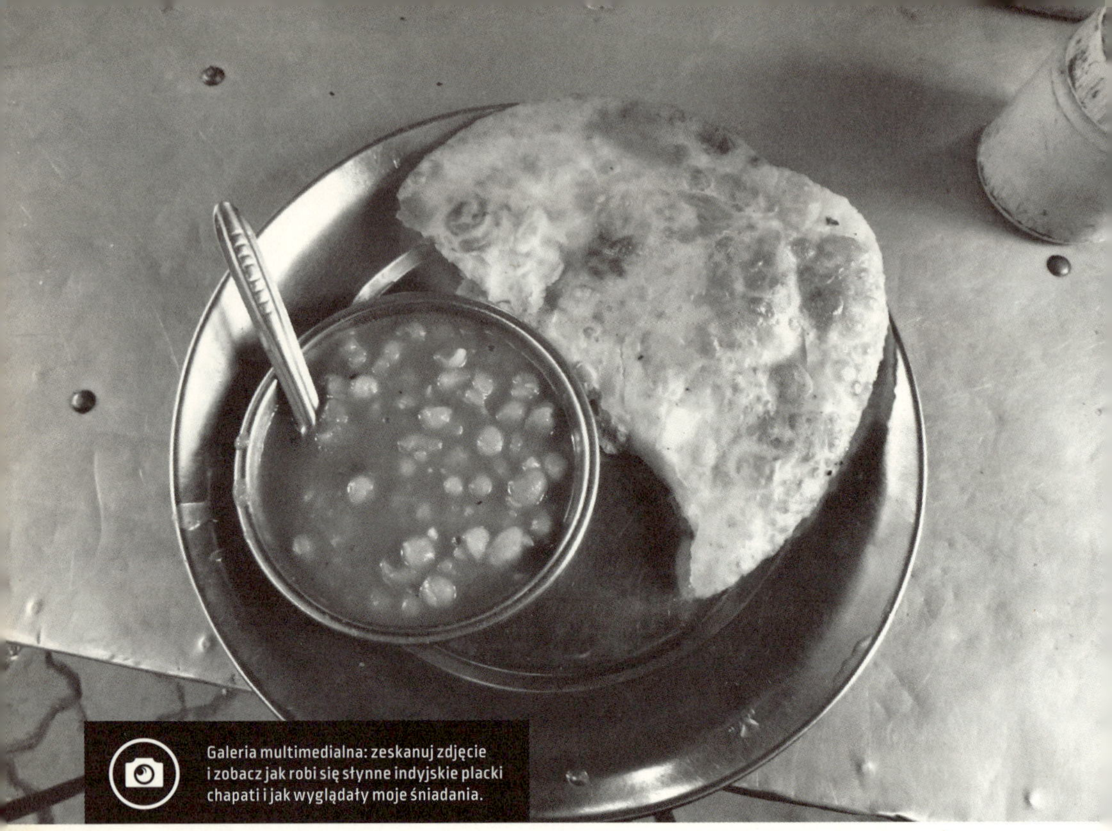

Galeria multimedialna: zeskanuj zdjęcie i zobacz jak robi się słynne indyjskie placki chapati i jak wyglądały moje śniadania.

Potrząsnęłam głową. Jak to jest możliwe? Podróżowałam wcześniej po Indiach pociągami i autobusami, spędziłam kilka tygodni poznając zwykłe miejscowe życie i wydawało mi się, że coś wiem.

I rzeczywiście wiedziałam.

Tyle że w Kalkucie jest inaczej.

To był muzułmański bar! Dlatego w środku siedzieli tylko mężczyźni w białych czapeczkach i jedli mięso!

Aaaaaa!!!

To są najdziwniejsze Indie, jakie dotychczas widziałam!

Idę dalej. Na chodnikach leży rozsypany gruz, martwe szczury, czarne kable i zaschnięte kupy. Prawdopodobnie psie.

Uśmiecham się pod nosem. Tak, takie Indie znam. Z jednej strony majestatyczny Tadż Mahal z białego marmuru, a z drugiej – taki chodnik w centrum miasta.

Ale o to właśnie chodzi.

Europejczycy chcieliby na wszystko nakleić gotowe etykietki i zaszufladkować. Jedno miejsce jest ładne, a inne brzydkie. Do jednego jedziemy, a nad drugim będziemy się litować.

Ale Indie są inne od wszystkiego na świecie. Są wyjątkowe. Są wszystkim, co możesz sobie wyobrazić. I nie ma takiej możliwości, żeby je łatwo zrozumieć, opisać i wrzucić do gotowej szufladki.

Indie są takie, jakie są.

Ze wszystkim, co w nich jest. Z kupami na chodniku, bezdomnymi dziećmi, kastą niedotykalnych, gwiazdami filmowymi z Bollywood, złoconym jedwabiem i pałacami maharadżów. Z zatłoczonymi pociągami, jadowitymi kobrami, fakirami, świętem holi, boginią Kali, składaniem ofiar i kąpielą w Gangesie.

Indie są takie, jakie są.

Jeżeli nie umiesz tego w głębi serca zaakceptować, będziesz się miotał między sprzecznymi uczuciami, między miłością a nienawiścią, zachwytem a obrzydzeniem.

To jest kraj, który uczy tolerancji i szacunku do tego, czego nie znasz i nie rozumiesz. Odziera cię z europejskiego wygodnego sposobu myślenia, który jest oparty na osądzaniu i wydawaniu ocen. Zobacz. W naszym kraju wszyscy bez przerwy zajmują się tym, co ktoś powiedział albo zrobił. Rzadko kto ma czas zajmować się swoim życiem i realizować swoje marzenia.

Tak, tak, Indie to świetna szkoła podróżowania. I życia.

Po to właśnie tu przyjeżdżam.

I nagle widzę! Budeczka wciśnięta w kąt chodnika, kłęby pary i... Nauki życia ciąg dalszy!

Marzyłam o tym, że codziennie trzy razy dziennie będę jadła ryż i wegetariańskie curry – tak jak to robiłam w Bombaju, Agrze i New Delhi. Ale tutaj, w Kalkucie, jest inaczej!

Jedyne dostępne jedzenie to smażony fast food w stylu indyjskim. Pszenne placki usmażone w oleju jak pączki, a do tego gotowane ziemniaki w ostrym żółtym sosie z jednym ziarenkiem kukurydzy.

Jak dla mnie – to cud świata!!!

W normalnych okolicznościach nie tknęłabym go nawet kijem. Ale byłam bardzo głodna. I nic innego nie było.

Wygłodniała i zmarznięta z wdzięcznością, łapczywie chwytam za placek. Jest gorący! I sos nabrany metalową łyżką z garnka też jest ciepły! Jaki cudowny kawałek gotowanego ziemniaka! I to pojedyncze ziarnko żółtej kukurydzy, ach! Co za luksus!!

Dziesięć rupii, czyli pięćdziesiąt groszy! Dokładka!

Co za ulga! Żołądek przestał krzyczeć. Wierzgające myśli trochę się uspokoiły. Idę dalej.

Następna budka.

Te same smażone placki, tylko mniejsze i podawane w miseczce z suszonych liści. Do tego taki sam żółty sos z ziemniakami. Dziesięć rupii. Dokładka. Wdzięczność. I nadzieja.

ROZDZIAŁ 12

Witaj, Kalkuto!

Spłynęłam w rzeczywistość jak złoty liść. Taki, który długo wisi na gałęzi, aż w końcu pewnego dnia czuje się całkowicie gotowy puścić i spaść.

Otworzyłam oczy.

Gdzie ja jestem?...

Która to jest część mojego życia?

Co robiłam wczoraj?...

Ach tak. Indie. Wiza do Bangladeszu. Miesiąc podróży przede mną.

Było już jasno.

Co za szczęście, że wczoraj po południu znalazłam normalny hotel! Taki z napisem „Hotel" na zewnątrz, stojący przy ulicy, z prawdziwą recepcją i z normalnymi pokojami! Od razu przeniosłam bagaże. I teraz właśnie obudziłam się w łóżku z prawdziwą białą pościelą i ciepłym kocem. Luksus!

Nie miałam pojęcia która jest godzina, ale to nieważne. Czułam się wyspana, wypoczęta, zregenerowana po długim locie samolotem. Dlatego właśnie pomyślałam, że wślizgnęłam się w indyjski dzień jak liść, który spadł dopiero wtedy, kiedy był na to gotowy.

Dwie koszulki, koszula z długimi rękawami, polar, puchowa kurtka. Szal, który specjalnie wczoraj kupiłam. Zawinęłam się aż po uszy. Wczoraj tak zmarzłam, że tym razem postanowiłam się odpowiednio do tego przygotować.

I wyszłam do recepcji.

– *Good morning!* – powiedziała długowłosa dziewczyna, którą będę tam spotykać codziennie.

I bardzo dziwnie na mnie spojrzała.

– *Good morning!* – odrzekłam kierując się do drzwi.

– *Good morning!* – powtórzyli tragarze i goście i wszyscy mieli przy tym bardzo dziwny wyraz twarzy. Naprawdę bardzo dziwny.

No, ale nic.

Wychodzę.

Pcham drzwi.

Robię krok naprzód.

I zatrzymuję się zdumiona, oszołomiona, zaskoczona i… spocona!!!

Na dworze jest upał!

Słońce świeci jak szalone! Temperatura lekko około trzydziestu stopni. Wszyscy chodzą boso w klapkach i mają na sobie cienkie podkoszulki. A ja?!

Galeria multimedialna: zeskanuj zdjęcie i zobacz herbatę w glinianych czarkach.

A ja zawinięta w dwa szale, ubrana w pięć warstw, w puchowej kurtce, z której ledwie wystaje mi koniec nosa. Aaaaaa!!! To dlatego na recepcji tak dziwnie na mnie patrzyli!

Hurra!!!

Witaj, Kalkuto!!!

Pędem wracam do pokoju, zrzucam z siebie ubranie, wkładam triumfalnie krótkie spodenki, klapki i tropikalną koszulę. Hurra!!!

Odpowiada mi dziwny dźwięk. To w brzuchu mi burczy z głodu! Jest pierwsza po południu! Czas na obiad!!!

Zachwycona i szczęśliwa wracam na ulicę. Ach, będzie cudnie! Nie dostałam wprawdzie wizy do Bangladeszu, ale być może tak miało być. Mam przed sobą miesiąc egzotycznej wyprawy. Jest wiele różnych opcji. Wystarczy tylko zebrać możliwości, a potem wybrać jedną z nich. Będzie wspaniale! Ale najpierw kawa!

Rozglądam się dookoła.

Tak, to są takie Indie, jakie pamiętam! Zgiełk, ruch, spalony słońcem kurz, hałas klaksonów, kłęby czarnych spalin i ludzie przemieszczający się we wszystkich kierunkach. Tak jakby ciągle trzeba było coś dogonić. I garstka tych, którzy nigdy donikąd się nie śpieszą: śpiący rikszarz, sprzedawca mandarynek, bosy filozof siedzący w bramie.

I tropikalne gorące słońce. Hurra!!!

Budka. Placki. Żółty sos z ziemniakami.

Kawa? O nie, to niemożliwe! Są tylko sprzedawcy herbaty z gorącymi imbrykami, którzy podają w glinianych miseczkach gotowy napar z mlekiem i z cukrem. Innej nie ma, bo innej nikt tutaj nie pije.

Gliniane miseczki to indyjski odpowiednik jednorazowych plastikowych kubków, tyle że sto razy bardziej zdrowy i ekologiczny.

Szkoda, że herbata jest dla mnie niemożliwa do wypicia. Bardzo słodka, z bardzo dużą ilością mleka. Smakuje jak mleczny syrop. No, trudno. Będzie miesiąc bez kawy i herbaty. Przyzwyczaję się. A z jaką przyjemnością zaparzę sobie potem kubek mojej ulubionej zbożowej kawy z figami! No, ale to dopiero za kilka tygodni.

Teraz chcę zrobić trzy rzeczy.

Dotrzeć do centrum. Zjeść obiad. Wymyślić nowy plan. Niekoniecznie w tej kolejności.

ROZDZIAŁ 13

Nowy plan

Mogłabym zgłosić się do przytułku Matki Teresy i przez miesiąc pracować jako wolontariusz. Myć podłogi, skrobać garnki, opiekować się chorymi. Nie fotografować, nie przemierzać przestrzeni, ale skoncentrować się na zupełnie nowym doświadczeniu. Niech mi mówią co mam zrobić, a ja bez słowa będę zrywać się o czwartej nad ranem, pomagać bezdomnym, pocieszać strapionych.

Wiem, że to nie byłoby łatwe, ale w życiu przecież wcale nie chodzi o to, żeby robić coś łatwego, prawda? Kiedy próbujesz trudnych rzeczy, uczysz się też zupełnie nowych umiejętności, poszerzasz swój sposób myślenia, bogacisz się wewnętrznie.

Więc tak, mogłabym to zrobić.

Albo mogłabym też polecieć do Bombaju do ośrodka medycyny ajurwedyjskiej i poznać na własnej skórze jej tajemnicze właściwości.

Jest taki słynny ajurwedyjski masaż, który polega na tym, że na środek czoła maleńkim strumykiem długo leje się ciepły olej. Jeśli miałabym tego spróbować, to właśnie tutaj, w Indiach.

Mogłabym też po prostu ruszyć przed siebie, tak jak to robiłam poprzednio. Pociągiem do małych miasteczek i wiosek, zatrzymując się na kilkanaście godzin tam, gdzie będzie mi się podobało.

Ale na razie…

Zatrzymałam się. Oto spełnienie moich marzeń. *Northern India thali* – tak było napisane na szybie, a ja czym prędzej pośpieszyłam za moim galopującym nosem.

Thali to indyjska specjalność. Danie rozłożone na kilka małych miseczek. Jest tam trochę soczewicy w sosie, curry z ziemniaków, górka ryżu, ciepły placek, łyżka ostrej marynaty, czasem jeszcze jakiś sos.

Galeria multimedialna: zeskanuj zdjęcie i zobacz ludzi pod Przytułkiem Matki Teresy w Kalkucie.

Mogłabym przez miesiąc
pracować jako
wolontariusz
w przytułku Matki Teresy

Proste, pyszne jedzenie. W wykwintnych restauracjach można dostać *thali* w wydaniu luksusowym, gdzie miseczki będą większe, pełniejsze i w większej rozmaitości. Ja w zupełności zadowalam się zwykłym codziennym *thali*. Właśnie takim, jakie po chwili zostało przede mną postawione.

Jest gorący ryż, miękki placek *roti* i trzy miseczki – z żółtą soczewicą, czerwonym sosem z dwoma kawałkami bulwy podobnej do ziemniaka i burym sosem z indyjskim serem. Ostra papryczka na dodatek.

– A gdyby tak… – myślę sobie, wycierając ostatnim kawałkiem placka sos. – A gdyby tak spróbować czegoś całkiem nowego? Zamknąć się na miesiąc w buddyjskim klasztorze albo hinduskim aszramie, oczyścić umysł?

Nie dlatego, żebym czuła, że mój umysł jest jakoś szczególnie zabrudzony. Raczej po to, żeby sprawdzić jaki jest jego prawdziwy stan.

Bo wiesz jak to jest. Kiedy chodzisz codziennie po tej samej podłodze, to przestajesz dostrzegać jakie zmiany w niej zachodzą. Ona zmienia się stopniowo, bardzo powoli, dzień po dniu. Wydaje się, że zawsze jest taka sama i że jest dokładnie taka sama jak była, ale prawdę odkrywasz dopiero wtedy, kiedy zaczniesz przestawiać meble.

Patrzysz ze zdumieniem i nie wierzysz własnym oczom.

Ta podłoga miała kiedyś elegancki kolor włoskich orzechów, a teraz jest po prostu brudnożółta!

Orzechowy kolor został tylko w miejscach zakrytych przez meble. A cała reszta powierzchni twojego mieszkania jest zupełnie inna niż była na początku, i ty kompletnie nie zdawałeś sobie z tego sprawy!

Z umysłem jest tak samo.

Galeria multimedialna: zeskanuj zdjęcie i zobacz co się dzieje pod Świątynią Bogini Kali.

Niepostrzeżenie przyzwyczaja się do różnych schematów, zarasta nieuświadomionymi myślami, czasem nawet buduje iluzje, w które ty chętnie wierzysz, bo jest ci z nimi bezpiecznie i wygodnie. Problem jedynie polega na tym, że to jest pozorne bezpieczeństwo, które prędzej lub później pryska, a ty zostajesz bezbronny i nagi wobec atakującej cię rzeczywistości.

Dlatego właśnie upieram się przy tym, żeby szukać Prawdy.

I wiem, że tylko Prawda jest w stanie szczęśliwie prowadzić człowieka przez życie.

Galeria multimedialna: zeskanuj zdjęcie i zobacz jak wygląda słynne indyjskie danie *thali* (w następnej książce postaram się zrobić też dostęp do jego smaku ☺).

I dlatego też czasem wyruszam w samotną podróż w nieznane, żeby oczyścić umysł i usłyszeć wszystkie myśli, jakie są w nim ukryte.

Ale nigdy dotąd nie zdecydowałam się na miesiąc medytacji w zamkniętym klasztorze, który byłby jak kapitalny remont mojego umysłu. A raczej jak wielkie wiosenne sprzątanie ze wszystkiego, co się tam nagromadziło w ciemnych zakamarkach.

Spojrzałam na ludzi wędrujących za szybą.

A może to nie jest przypadek?

Może moim przeznaczeniem wcale nie było dotrzeć do Bangladeszu, ale w zupełnie inne miejsce? Bo zobacz. Czy ja kiedykolwiek zdecydowałabym się na podróż do Kalkuty i północnych Indii?

Raczej nie.

Jedynym powodem, dla którego tutaj przyjechałam, był konsulat Bangladeszu. Tak mi się przynajmniej wydawało. Ale czy to przypadek, że utknęłam właśnie tutaj, w mieście Matki Teresy i blisko najbardziej świętego miasta hinduizmu – Varanasi nad Gangesem?...

Być może przeznaczenie podsuwa mi coś, na co sama nigdy bym nie wpadła, a co jest teraz w zasięgu mojego ramienia? I jest to coś, co zmieni moje życie?

ROZDZIAŁ 14

Żelazny żółw

– Dokąd chce pani jechać? – zapytał konduktor.

Spojrzałam na niego. A więc są jeszcze na świecie tacy ludzie! Tak jak w czarno-białym filmie z lat czterdziestych albo pięćdziesiątych, gdzie gładko uczesany urzędnik wychodzi z domu zawsze z tą samą starą, skórzaną teczką. Codziennie tym samym gestem wiesza ręcznik na ścianie, patrzy z okna na widok, który zna na pamięć, ale co rano upewnia się, że świat wciąż istnieje w takim kształcie, w jakim zostawił go poprzedniego wieczora.

Wie po ilu stopniach musi zejść ze schodów, ile ma kroków do przystanku autobusu i jak pachnie powietrze w pierwszych dniach listopada. Nosi ten sam płaszcz, bo nie warto kupować nowego, skoro stary jeszcze się nie rozpadł. Regularnie zmienia ostrze w maszynce do golenia i jest to właściwie jedyny luksus, na jaki sobie pozwala. Raz w roku pierze rękawiczki i szalik, zawsze ma czyste skarpetki i wyprasowaną białą koszulę, bo ta koszula to symbol jego statusu i dowód jego istnienia. Bez białej koszuli, krawata i urzędowego munduru nie wiedziałby kim jest.

Zawsze punktualny, zawsze można na niego liczyć. Jeśli nie przyjdzie do pracy, to znaczy, że po prostu zmarł.

– Dokąd chce pani jechać? – powtórzył konduktor.

Szczupły, w nienagannym mundurze i chrupiąco czystej białej koszuli, na której było widać tysiące lat prasowania. Przytrzymał palcami konduktorską torebkę, która wisiała na nim jak część jego ciała. Ona sama mogłaby opowiedzieć tysiące fascynujących historii, bo była zapewne równie wiekowa jak on sam. Poplamiona deszczem sprzed stu lat, wyślizgana od dotyku ludzkich dłoni, zakonserwowana ulicznym kurzem, oddechami pasażerów i bliskością serca pana konduktora.

Podniosłam głowę, spojrzałam mu w oczy i powiedziałam zgodnie z prawdą:

– *I don't know where I want to go.* Nie wiem dokąd chcę jechać.

I usta same rozjechały mi się w najszerszym uśmiechu kiedy sama usłyszałam te słowa po wypowiedzeniu ich na głos.

Nie mam pojęcia dokąd chcę dojechać, bo nie wiem jaką trasą ten tramwaj jeździ po mieście. Nie wiem nawet gdzie jestem. Ani dokąd mogłabym chcieć dojechać, ponieważ jedyne co wiem to to, że siedzę właśnie w najbardziej dziwnym, pancernym i nierealnym tramwaju, jaki można sobie wyobrazić i czuję się jak Alicja w Krainie Czarów po spotkaniu z uciekającym Królikiem.

Święte krowy w Indiach
zawsze mają prawo
pierwszeństwa przed
wszystkimi

Nie wiem dokąd chcę jechać, proszę pana. Nigdy wcześniej nie widziałam takiego tramwaju. I nigdy nie czułam się tak realnie nieprawdziwa.

Pan konduktor zrozumiał. Uśmiechnął się w odpowiedzi. Sięgnął do swojej wiekowej skórzanej torebki, wyjął z niej bilet i oświadczył:

– Pięć rupii.

Pięć rupii!!! Dwadzieścia pięć groszy w przeliczeniu na złotówki. Wyłowiłam z kieszeni monety. Dostałam bilet. Usiadłam na twardej drewnianej ławce. I nie mogłam przestać się uśmiechać.

Jakie to niesamowite! Realne i nierealne jednocześnie! Magiczne! Niespodziewane i porywające, dokładnie tak samo, jak to się dzieje w bajkach.

Stałam przy szerokiej ulicy w B.B.D. Bagh. Już sama nazwa zapowiadała coś niezwykłego. Po pierwsze dlatego, że *bagh* to tygrys w języku hindi, po drugie dlatego, że w języku perskim to samo słowo oznacza „ogród", a po trzecie dlatego, że w samym centrum Kalkuty nie było ani tygrysów, ani ogrodu. Był za to wielki plac z jeziorem pośrodku, dookoła którego stały dostojne i malownicze budynki o równie majestatycznej przeszłości. Choćby ten wielki, czerwono-żółty, z kolumnami pod trójkątnym zwieńczeniem, zwany „Budynkiem Pisarzy", czyli *Writers' Building*, chociaż miejscowi mówią na niego po prostu *Writers'*, czyli Pisarski.

Wyobrażasz sobie coś równie pasjonującego? Budynek Pisarzy w centrum miasta nad jeziorem, na którym kołyszą się białe łódki. Obeszłam je wkoło. Było zamknięte łańcuchami ze wszystkich stron. Wolno patrzeć, nie wolno wejść. Przy każdej bramie stał policjant

Galeria multimedialna: zeskanuj zdjęcie i zobacz jak wygląda żelazny tramwaj w Kalkucie.

z bambusową pałką. Nie dlatego, że pisarze są w Indiach pod szczególnym nadzorem.

W tym budynku mieści się sekretariat rządowy stanu Zachodni Bengal. Romantyczne słowo „pisarz" oznacza w języku angielskim także urzędnika pełniącego funkcję skryby, czyli człowieka, którego zadaniem jest czuwanie nad aktualnym stanem miejskich ksiąg, a także pomoc w tworzeniu pism urzędowych dla tych, którzy nie posiadają umiejętności pisania.

B.B.D. Bagh to wielki plac z jeziorem pośrodku w centrum Kalkuty, a jego tajemnicza nazwa pochodzi od imion trzech młodych rewolucjonistów z grupy Ochotników Bengalskich – *Bengal Volunteers*, którzy domagali się sprawiedliwości dla działaczy politycznych walczących o wolność dla Indii, a prześladowanych i zamykanych w więzieniach przez Anglików.

W grudniu 1930 r. Benoy Krishna Basu, Badal Gupta i Dinesh Gupta (czyli B.B.D.) przebrali się za Anglików, weszli do Budynku Pisarzy i zastrzelili pułkownika Simpsona, słynącego z okrucieństwa wobec więźniów politycznych. Wszyscy trzej zginęli. Wtedy jeszcze plac nazywał się Dalhousie Square, na cześć Lorda Dalhousie, Generalnego Gubernatora Indii. Kilkanaście lat później, po odzyskaniu niepodległości, przemianowano go na B.B.D. Bagh.

Obeszłam wkoło park z jeziorem i miałam zamiar wyjść po jego drugiej stronie, ale w każdej z uliczek, w którą usiłowałam się zagłębić, coś zawracało mnie z powrotem. Pierwsza kończyła się żelazną bramą z łańcuchem, druga prowadziła do rozpadającego się budynku, gdzie koczowali bezdomni, a w trzeciej naszczekał na mnie pies. Nie miałam więc wyjścia, musiałam wrócić do głównej ulicy, z której tu przyszłam.

Galeria multimedialna: zeskanuj zdjęcie i zobacz jak wygląda *Writers' Building* w Kalkucie i pobliskie skrzyżowanie.

I wtedy nagle nie wiadomo skąd na szyny wtoczył się ten ogromny, niesamowity, pancerny tramwaj, który posuwał się naprzód powoli jak żelazny żółw. Wyobraź sobie: gigantycznie wielki jak pociąg, obłożony powyginaną i poobijaną grubą blachą, na której łuszczy się stara, nierówno nałożona farba. Stare reklamy zostały przez kogoś z grubsza zamalowane na zielono. Otwarte okna zabezpieczone poziomymi prętami albo żelazną siatką, a do tego ogłuszający zgrzyt i łoskot kolosa powoli przeciąganego po szynach.

Jechał jak czołg. Idę o zakład, że tym tramwajem po Kalkucie jeździli Gandhi i Matka Teresa! Ze swoimi rodzicami, kiedy byli jeszcze dziećmi! Taki jest odwieczny, odrapany, ciężki, z innej epoki. A przy tym w tej swojej mocarnej nieustępliwości niezwykle piękny.

Bez namysłu wskoczyłam do środka. Usiadłam na drewnianej ławeczce.

Aaaaa!!! Jaki to cud!! Ten tramwaj ma ze sto lat! Jedzie z uporem i pomału, tak jakby rozpychał nagromadzone w powietrzu wspomnienia z przeszłości. Przez okna wpada ciepły wiatr, szarpie ludzi za włosy, potrząsa kolorowymi szatami kobiet ubranych w tradycyjne hinduskie sari[11].

Jest bosko. Po prostu cudownie. Czuję się tak, jakbym wpadła w szczelinę czasu i wylądowała w jednej z równoległych rzeczywistości, gdzie świat zatrzymał się w przeszłości. Siedzę uradowana z biletem w ręce i mam ochotę zostać tam na zawsze.

---

11 Sari – tradycyjny strój kobiet w Indiach, składający się z przylegającej do ciała bluzki i kilku metrów lekkiego materiału, który owija ciało, tworząc spódnicę do ziemi i szal. Sari zwykle są bajecznie kolorowe.

ROZDZIAŁ 15

Tylko tutaj

Jest kilka rzeczy, o których na pewno wiadomo o Indiach. Każdy o nich wie. Choćby to, że Indie leżą nad Gangesem. I to, że po ulicach chodzą tam święte krowy. Prawda? Sama pisałam o tym w poprzedniej książce o Indiach. Że ruch na ulicach jest szalony, chaotyczny, nieprzewidywalny, bo nieprzerwanym strumieniem pędzą po nich samochody, ciężarówki, ryczące autobusy, motocykliści, rikszarze, wielbłądy i słonie, a między nimi swobodnie spacerują białe krowy. Czasem nie spacerują, tylko stoją w filozoficznym namyśle, a wtedy cały ruch na moment zamiera. Potem wszyscy ruszają znów naprzód, omijając krowę w taki sposób, żeby nie zrobić jej krzywdy, ponieważ święte krowy są w Indiach pod szczególną ochroną. Niezależnie od tego czy znajdują się na środku ruchliwego skrzyżowania czy w polu.

Prawda? To każdy wie.

Święte krowy w Indiach są otoczone szacunkiem i czcią. Hindusi nie jedzą wołowiny i nie noszą niczego zrobionego z wołowej skóry. Turystom zaleca się, żeby nie przywozili do Indii skórzanych pasków, portfeli albo butów. Krowa karmi ludzi mlekiem, a jej wysuszone odchody to najlepsze, bezwonne paliwo do ognia. Krowy są święte i już. Gdziekolwiek byłam wcześniej w Indiach podczas poprzednich wypraw, zawsze je widziałam, często w zaskakujących miejscach i okolicznościach.

Okoliczność w Kalkucie była jednak najbardziej zdumiewająca ze wszystkich.

Siedziałam na drewnianej ławce w pancernym tramwaju i szczerzyłam zęby ze szczęścia. Patrzyłam na pasażerów, na cętki słońca skaczące po ścianach i ulicę. I nagle dostrzegłam coś niesamowitego. Coś, co powinno było tam być, ale wcale tego nie było! Ani jednej krowy na ulicach!!!

Wytknęłam głowę przez otwarte drzwi. Otworzyłam szeroko oczy ze zdumienia. Na jezdni jak zwykle piętrzyły się obładowane towarami riksze, ryczące klaksonami żółte taksówki i pękate autobusy strzelające kłębami czarnego dymu. Wszyscy jakimś cudem mieścili się obok siebie i wymijali o centymetry. Czasami wszyscy stali w gigantycznym korku, a potem ruszali jak niepowstrzymana fala pełna warkotów i rzężenia.

Ale zaraz! Wśród całego tego rozpędzonego i dyszącego z niecierpliwości stada koni mechanicznych nie było ani jednej krowy! Ani jednej!!!

Krowy znikły!

Ale jak to możliwe???

Galeria multimedialna: zeskanuj zdjęcie i zobacz jak wygląda indyjska wioska.

Przecież ze wszystkiego, co wiadomo o Indiach, to jedno jest chyba najpewniejsze z pewnych – że krowa jest święta i chodzi sobie gdzie chce. Rozglądałam się, wytężałam wzrok, przesiadałam z tramwaju do rikszy, taksówki i autobusu, zjeździłam Kalkutę wzdłuż i wszerz, i nie spotkałam ani jednej krowy! Aaaaaa!!!!

I o to właśnie chodzi w podróżowaniu.

Myślisz, że coś wiesz o świecie. Nie dlatego, że słyszałeś albo czytałeś o tym w Internecie. Widziałeś na własne oczy. Wyciągnąłeś wnioski, uporządkowałeś sobie jakoś wiedzę. Wiesz to co wiesz i myślisz, że jesteś mądry.

Ale w gruncie rzeczy to tylko pozór. Bo świat nie jest taki, jakim chciałbyś go widzieć. Świat jest taki, jaki jest. Zmienia się niepostrzeżenie, szybko, w ewolucyjnym rytmie. Dostosowuje się do nowych okoliczności. Nic nie musi być takie, jakie myślałeś, że jest, bo przecież już kiedyś takie było.

To jest fascynujące.

A najbardziej niesamowite jest to, że ludzie wciąż usiłują stworzyć obrazy różnych miejsc i sytuacji, opisują je, uwieczniają na fotografiach, filmują, i nie zdają sobie sprawy z tego, że to, co uważają za prawdę odnośnie tego, co widzieli, jest prawdą tylko w momencie kiedy osobiście tego doświadczali.

Bo wszystko się zmienia.

Powstają nowe drogi, a inne są porzucane. W miejscu lubianego przez ciebie hotelu dzisiaj stoi prywatny apartamentowiec. A tam, gdzie kiedyś było dzikie jezioro z łódkami, teraz jest betonowe nabrzeże i most.

Po prostu.

Wszystko się zmienia.

Czy można powiedzieć cokolwiek pewnego o czymkolwiek, co istnieje na świecie? Nie. I to właśnie jest najbardziej niezwykłe.

Myślisz, że wiesz jak jest w Syrii, bo byłeś tam dwa razy? Za trzecim razem na pewno będzie inaczej.

Myślisz, że wiesz jacy są Egipcjanie, bo spotkałeś ich podczas wakacji? Nieprawda. Spotkałeś tylko kilku, może kilkunastu, a pozostałe osiemdziesiąt trzy miliony osób?... Każdy z nich może być inny niż ci się wydaje. Tak samo jak nie można powiedzieć jacy są Polacy na podstawie znajomości jednej polskiej rodziny, prawda?

I to właśnie najbardziej lubię w podróżowaniu. Że ciągle coś mnie zaskakuje i ciągle na nowo przypomina mi o tym, żeby nie przyzwyczajać się do jednego sposobu myślenia, nie oceniać, nie wydawać osądów. Tylko patrzeć, chłonąć i uczyć się na nowo. Nawet tego, co mi się wydawało, że wiem.

W Kalkucie nie ma ani jednej świętej krowy!!!

Są w Mumbaju zwanym kiedyś Bombajem. Są w New Delhi, w Agrze, Jaipurze i wielu innych indyjskich miastach. Chodzą swobodnie po ulicach, kładą się na środku skrzyżowania, grzebią w śmieciach. Ale nie w Kalkucie.

Bo to jest inne miasto. Tylko tutaj wciąż pracują rikszarze, którzy boso biegną po ulicach ciągnąc za sobą wózek z pasażerami. Tylko tutaj jeździ pancerny tramwaj podobny do czołgu. Tylko tutaj nie ma krów na ulicach. I tylko tutaj musiałam się znaleźć, żeby kilka dni później móc odkryć jedno z najbardziej niezwykłych miejsc na świecie.

ROZDZIAŁ 16

Najlepsze miejsce, żeby umrzeć

A więc dobrze.
Ja mówię:
– Jadę do Bangladeszu!
A życie mówi:
– O nie, moja droga! Ty zostajesz w Indiach!
Cóż mogę na to powiedzieć? Odpowiadam więc:
– *Yes, sir.* Zostaję w Indiach.

I myślę sobie, że wszystko jest tak, jak jesteś gotów, żeby było.

Zawsze jest wiele opcji. Zawsze. Jedyny kłopot polega na tym, że kiedy uprzesz się, że ma być tak, jak sobie wymyśliłeś i usztywnisz swoje patrzenie na świat, to nie jesteś w stanie dostrzec innych możliwości i masz wrażenie, że sytuacja jest bez wyjścia.

Ona wydaje się bez wyjścia tylko dlatego, że ty sam zatrzasnąłeś się w swoim ciasnym uporze.

Przyjmij do wiadomości, że nie będzie tak jak ty chcesz. Będzie tak, jak jest dla ciebie najlepiej.

Puść się swoich uprzedzeń i planów.

Otwórz umysł. Rozejrzyj się. Poszukaj innych możliwych opcji. Weź pod uwagę wszystkie możliwości i wybierz jedną z nich – tę, która najbardziej cię pociąga.

Będzie dobrze, zobaczysz.

W jednym z małych sklepików z używanymi książkami niedaleko Sudder Street kupiłam przewodnik po Indiach. Rozłożyłam mapę. Patrzyłam. Smakowałam nazwy miast, gór, zatok i lasów. Wiedziałam, że mogę zrobić wszystko, co zechcę. Polecieć do Bollywood w Mumbaju albo pod kokosowe palmy stanu Kerala na południowym krańcu Indii. Albo dokładnie w przeciwnym kierunku – do najdalej na północ wysuniętego i równie egzotycznie nęcącego stanu Sikkim, wysoko w górach, który graniczy z Tybetem, Nepalem i Bhutanem. Wszystko mogę. Pytanie tylko czego najbardziej chcę.

I tak jak zwykle robię to w różnych życiowych sytuacjach, puściłam wszystkie myśli. Nie próbowałam nimi sterować. Niech wszystkie znaki na niebie i ziemi same mnie znajdą i poprowadzą w najlepszym kierunku.

I nagle zauważyłam Varanasi. Nigdy wcześniej tam nie byłam, ale dużo słyszałam o tym mieście. Słynne święte miejsce dla wyznawców buddyzmu i hinduizmu, którzy przybywają nad świętą rzekę. To tam pali się ciała zmarłych, a ich prochy wrzuca do Gangesu.

Mówi się, że to jest najlepsze miejsce, żeby umrzeć, ponieważ pozwala zrozumieć pełną Prawdę w jej najczystszej postaci i uwolnić tym samym swoją duszę od mozolnego powracania na Ziemię w kolejnych wcieleniach, żeby uzyskać w końcu jej doskonałość. Jeśli umrzesz nad Gangesem, zostaniesz spalony na stosie nad brzegiem tej rzeki, a twoje prochy zostaną do niej wrzucone, osiągniesz stan wiecznej wolności i powędrujesz prosto do raju.

Nie zamierzałam oczywiście jeszcze umierać. Wprost przeciwnie – z jak najbardziej żywym zainteresowaniem chciałam zobaczyć to na własne oczy i zmierzyć się osobiście z koncepcją nieśmiertelności dostępnej dla każdego, kto tylko w odpowiednim momencie wyląduje nad brzegiem jednej wybranej rzeki.

A więc Varanasi!

Ale zaraz. Myślałam też o tym, żeby spróbować tym razem czegoś zupełnie innego. Odciąć się od świata materialnego, zagłębić w medytacyjnej ciszy, usłyszeć moje własne najcichsze myśli i pragnienia. Jeśli nie zrobię tego pracując jako wolontariusz w przytułku Matki Teresy w Kalkucie, to…

Kafejka internetowa.

Wpisuję do wyszukiwarki dwa proste hasła: medytacja, Varanasi. Jak już, to już! Zrobię coś całkowicie, totalnie innego niż zawsze. Pojadę pociągiem do najbardziej świętego miasta w Indiach, żeby zanurzyć się tam w mojej własnej duszy i być może doznać objawienia. Przygoda!

Komputer zachrobotał.

Tak, tak, teraz nawet pomyślałam, że chyba czułam to przez skórę już w Polsce. Byłam trochę zmęczona. Fizycznie i umysłowo. Trochę, ale na tyle, żeby chcieć znaleźć miejsce, gdzie przez kilka dni mogłabym tylko zajmować się aktywnym odpoczywaniem – gimnastyka, medytacja, zielony ogród, odcięcie od Internetu, samochodów, szumu miasta i gwaru nieustających dyskusji o wszystkim i o niczym. Ocean spokoju. Przejście w inny wymiar. O tak! Tego właśnie potrzebowałam!

Spojrzałam na ekran. Czterysta osiemdziesiąt pięć tysięcy wyników wyszukiwania. Na samej górze – jak zawsze, linki opłacone, żeby wyświetlały się jako pierwsze. Te omijam, bo ich celem nie jest pomoc w tym, czego potrzebuję, tylko zagarnięcie jak największej ilości klientów, którzy kupią byle co, żeby tylko nakręcić sprzedaż reklamodawcy.

Potem był link ze słowem „Cakka", które mi się nie podobało. A potem…

Kliknęłam.

Prosta, czytelna strona. Żadnych krzykliwych animacji, wykrzykników, promocji ani haseł reklamowych.

Starożytna odmiana medytacji. Zapomniana przez wiele stuleci, przywrócona ludzkości ponad 2500 lat temu. Ujrzenie wszystkiego takim, jakim jest naprawdę. Oczyszczenie umysłu. Wyostrzenie świadomości. Uniwersalne prawdy dotyczące nietrwałości świata, cierpienia i duchowości.

Czytałam z ciekawością, ale ostrożnie. Ostatnią rzeczą, na jaką miałam ochotę, to spotkanie ludzi, którzy używają religii, żeby polepszyć sobie życie. Takich, dla których religia i wiara jest narzędziem do uzyskania czegoś konkretnego tutaj na Ziemi.

Nie interesuje mnie religia jako zestaw reguł obowiązujących w kościelnej instytucji.

Interesuje mnie jedynie czysta wiara duszy jako umiejętność nawiązania połączenia z Wielką Mocą, która utrzymuje w równowadze cały Wszechświat. Niektórzy tę Moc nazywają Bogiem, ale od razu naklejają jej twarz i dodają jej ludzkich cech i słabości, żeby uczynić łatwiejszą do zrozumienia. Moim zdaniem to nie ma sensu, bo Bóg dlatego jest Bogiem, że nie można go opisywać ani rozumieć na podstawie tych samych zasad, jakie istnieją dla ludzi.

Nie chcę wiązać się z żadną religią. Nie chcę żadnych rytualnych zachowań, żadnych śpiewów, tańców, modlitw, żadnych kadzidełek, świeczek ani innych rekwizytów, których ludzie używają, żeby się zbliżyć do Boga.

Moim zdaniem te wszystkie przedmioty i rytuały są niepotrzebne. To tylko gra, przedstawienie teatralne dla tych, którzy nie chcą i nie są gotowi osiągnąć czystej duchowej łączności z Siłą Wyższą, więc poświęcają całą uwagę na tworzenie zewnętrznych, materialnych symboli swojej wiary, żeby uzyskać dzięki temu choćby pozór poczucia bliskości z Bogiem.

To nie dla mnie. Zawsze czułam, że Bóg jest blisko, jest wszędzie i wcale nie potrzeba szczególnych przedmiotów ani czynności, żeby się do niego zbliżyć i żyć w kręgu jego mocy.

Jeśli więc to jest religijny krąg odprawiający jakieś modlitewne rytuały w duchu jakiejkolwiek religii, to dziękuję bardzo, nie skorzystam. Sam pomysł dzielenia Boga na różnych mniejszych Bogów, którzy mają różne imiona i przewodzą różnym religiom wydaje mi się nieporozumieniem. Moim zdaniem to jest dokładnie ten sam Bóg, tyle że ludzie w różnych częściach świata upierają się, żeby go podzielić, otoczyć wysokim murem, a tym samym używać go do szerzenia poczucia wojny zamiast pokoju.

Religie są niepotrzebne. Potrzebna jest tylko wiara w Boga. Jednego, tego pierwszego, który stał przed wszystkimi wcieleniami stworzonymi dla siebie przez ludzi.

Z tą myślą nagle dotarłam do zdania:

Celem tej medytacji jest odkrycie prawdy i oczyszczenie za pomocą osobistego doświadczenia. Nie ma nic wspólnego z żadną zorganizowaną religią ani kultem.

I nieco dalej:

Wszyscy, którzy zdecydują się wziąć udział w kursie medytacji, muszą przez cały czas jej trwania przestrzegać następujących pięciu zasad:

1. unikać zabijania jakiejkolwiek istoty

2. unikać kradzieży

3. unikać wszelkich form aktywności seksualnej

4. unikać kłamstwa

5. unikać wszelkich środków zmieniających świadomość.

Ha! Nie pić, nie palić, nie jeść mięsa i być uczciwym człowiekiem! To coś dla mnie!

Podczas dziesięciu dni medytacji miała też obowiązywać całkowita cisza, czyli zakaz mówienia, rozdzielenie kobiet od mężczyzn, skromny ubiór i skoncentrowanie na pracy z umysłem. To coś dla mnie!!

Przeszłam na następną stronę i podskoczyłam z wrażenia.

Lista kursów medytacji, które rozpoczną się w najbliższym czasie.

Za trzy dni!!!

Najbliższy turnus medytacji zaczyna się za trzy dni! To nie może być przypadek! Tym bardziej, że zwykle jest tylko jeden albo dwa turnusy w miesiącu.

Tak! Zrobię to! Zanurzę się w ciszę tropikalnego ogrodu, zostawię zgiełk miasta, samochody, komputery, telefon, maile i wszystkie ziemskie sprawy. Odetnę się na dziesięć dni od materialnego świata po to, żeby w ciszy i skupieniu usłyszeć prawdę, z której być może nie zdaję sobie sprawy. Oczyścić umysł z tego, co go ogranicza i jest zbędne. Zrestartować się, oczyścić się wewnętrznie.

Wyobrażałam sobie, że to jest podobny stan do tego, jaki osiągam podczas długich wypraw do dżungli amazońskiej. Tam, gdzie nie ma elektryczności ani zasięgu, nie ma pieniędzy ani sklepów, nie ma wygodnych dróg ani krzeseł. Jest tylko tropikalna puszcza, gorący, wilgotny klimat i samo życie w jego najbardziej prostej i prawdziwej formie.

Uśmiechnęłam się.

Wymyśliłam sobie ten Bangladesz – że będę pływać łodziami, zwiedzać, docierać do najdalszych zakątków tego kraju. A życie podsunęło mi to, co robię zwykle podczas wypraw do Amazonii w Ameryce Południowej – czyli nie pogoń w poszukiwaniu nowych wrażeń, ale zatopienie się w przeżywaniu miejsca, w którym właśnie jestem. Nie

Galeria multimedialna: zeskanuj zdjęcie i zobacz jak w Indiach czeka się na pociąg.

powierzchowne i pośpieszne zwiedzanie miast z betonu, ale prawdziwe życie w jednym z najtrudniejszych, najbardziej niebezpiecznych i nieprzewidywalnych miejsc na Ziemi.

To właśnie wtedy uczysz się rozumieć co jest naprawdę ważne i doceniasz to wszystko, na co wcześniej nie zwracałeś uwagi.

A więc dobrze.
Niech tak będzie.
Dziesięć dni szczerej medytacji tylko dla uczciwych ludzi.
Postanowione.

Wypełniłam podanie z prośbą o przyjęcie mnie na kurs medytacji rozpoczynający się za trzy dni w Varanasi. Wysłałam mailem z uprzejmą prośbą, żeby – jeśli to możliwe – rozpatrzono moje podanie szybciej niż w ciągu przewidzianego na to tygodnia, żebym mogła zdążyć dotrzeć do Varanasi z Kalkuty.

A co zrobię potem?

Nie wiem. Nieważne. Po takich dziesięciu dniach całkowitego spokoju, skupienia i kontaktu z przyrodą wszystko wygląda inaczej. Może będę chciała napisać książkę i zatrzymam się na jakiś czas w hotelu. A może będę miała ochotę na podróż pociągiem do New Delhi i do Agry, żeby jeszcze raz zobaczyć Tadż Mahal. A może zdecyduję, że całkowicie zmieniam moje życie i odtąd będę zajmowała się tylko komponowaniem muzyki. Kto wie.

Nieważne.

Zobaczę.

Teraz pozostawało mi do zrobienia tylko jedno: znaleźć dworzec kolejowy i kupić bilet na pociąg do Varanasi.

Myślisz, że to proste zadanie?

Ha!

W wielu krajach świata rzeczywiście można mieć takie wrażenie. Ale nie w Indiach. W Indiach pociągi są wyjątkowe.

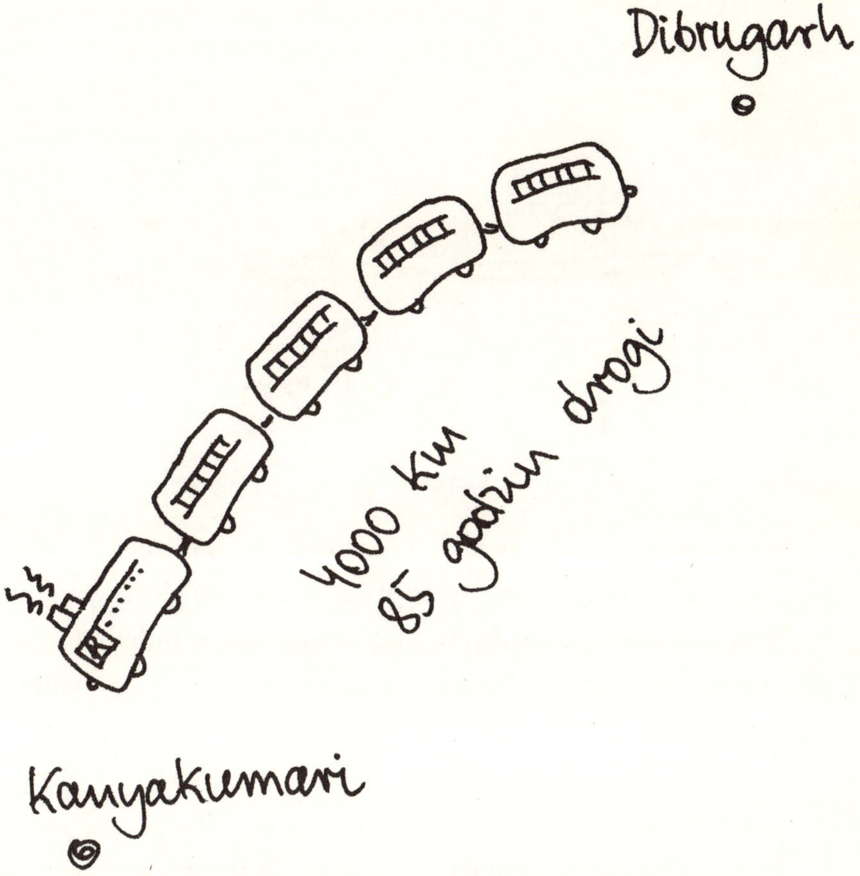

Najdłuższa trasa pociągiem w Indiach

ROZDZIAŁ 17

Indyjski wślizg

Gigantyczny kraj. Mieszka w nim gigantyczna liczba ludzi. Wszyscy chcą podróżować. Trzeba więc stworzyć dla nich gigantyczną sieć równie gigantycznych pociągów. I tak właśnie jest w Indiach.

Nie wystarczy pojechać na dworzec, podejść do okienka i poprosić o bilet do Kutna.

Wyobraź sobie.

Ponad trzy miliony kilometrów kwadratowych powierzchni, ponad miliard ludzi, czyli jedna szósta ludności świata. 23 miliony pasażerów dziennie. Zwykły pociąg nie wystarczy. A rozkład jazdy na pewno nie zmieści się na jednej ścianie ani na jednej kartce papieru, nie mówiąc już o tym, że trzeba przewidzieć i zaplanować nie tylko miejsca i godziny, gdzie pociągi się zatrzymują, ale także gdzie się na trasie wymijają i jak wzajemnie uzupełniają się przy połączeniach dalekobieżnych, co w Indiach też nabiera szczególnego znaczenia.

Jest pociąg, który jedzie z miasta Dibrugarh w stanie Assam na północy do miasta Kanyakumari na południu Indii. Ponad cztery tysiące kilometrów. Podróż tym pociągiem trwa ponad trzy doby, a dokładnie – 85 godzin, o ile nie ma opóźnienia. Spróbuj to zgrać z setkami innych pociągów, które w tym samym czasie codziennie pokonują mniejsze lokalne trasy.

Takiemu gigantycznemu zadaniu może podołać tylko gigantyczne rządowe Ministerstwo Linii Kolejowych.

System działa następująco.

Jeżeli chcesz kupić bilet na pociąg, musisz wiedzieć jak się nazywa i jaki numer ma wybrany przez ciebie pociąg. Możesz to sprawdzić w specjalnym katalogu pociągów drukowanym jako wielka książka albo na stronie internetowej Indyjskich Linii Kolejowych.

Przychodzisz na dworzec, który jest większy od wszystkich dworców, jakie kiedykolwiek widziałeś. To budynek ogromny jak hala, gdzie jest dużo wejść i wyjść, korytarzy, przedsionków, okienek i napisów w fantazyjnych językach krzaczkowych. Wszędzie siedzą, stoją i leżą ludzie oczekujący na pociąg. Z tobołkami, gromadkami dzieci, zapasami jedzenia w plastikowych torebkach, na kocach albo gazetach rozłożonych na betonie.

Z głośników odzywa się ogłuszający komunikat w dwóch językach. Jednym z nich jest najprawdopodobniej angielski, ale w odmianie indyjskiej, więc dla niewprawnego ucha brzmi równie zrozumiale jak dialekt mandaryński z najbardziej zapomnianej prowincji Chin.

Rozglądasz się w poszukiwaniu kas biletowych. Widzisz szalony, ciasny, pulsujący tłum buro ubranych ludzi. Prawie sami mężczyźni w ciemnych spodniach, dopasowanych koszulach i wełnianych kamizelkach na szczupłych ciałach. Stoją tak gęsto obok siebie, że cofasz się o krok w obawie przed zgnieceniem. Ale nie masz wyjścia. Jeżeli chcesz kupić bilet, musisz nabrać powietrza w płuca i skoczyć na główkę w ocean tłoczących się ludzi. Gdzieś daleko ponad ich głowami niewyraźnie majaczy napis *Ticket office*[12].

A więc to tutaj. W jednym z największych krajów świata panuje oczywiście jeden z największych ścisków w oczekiwaniu do kolejki. Nikt nie stoi w przykładnym, uporządkowanym ogonku, który mógłby się ciągnąć nawet kilometr, gdyby dawał szansę na ostateczne przybliżenie cię do celu.

O, nie. Nie ma kolejki. Jest masa ludzkich pleców, ramion i zaskoczonych spojrzeń błyskających z ciemnych twarzy na widok skromnej blondynki z plecakiem. Ale poświęcają ci najwyżej sekundę swojej cennej uwagi, skupiając ją na tym, żeby jak najzwinniej i błyskawicznie wślizgnąć się w każdy dostępny centymetr powierzchni, przybliżający do upragnionego okienka.

Czekasz cierpliwie na końcu kolejki. Dziesięć minut, dwadzieścia, pół godziny. Nagle dostrzegasz, że dookoła ciebie co chwilę pojawiają się nowi pasażerowie. Jeszcze przed chwilą byli za tobą, a teraz już są w połowie drogi do okienka, podczas gdy ty wciąż stoisz na końcu!

Ten kto stoi w kolejce w Indiach, będzie w niej stał najprawdopodobniej aż do końca świata!

---

12 *Ticket office* – (ang.) Okienko biletowe.

Galeria multimedialna: zeskanuj zdjęcie i zobacz jak wygląda okienko biletowe dla tubylców i formularz do kupienia biletu na pociąg. Napis nad drzwiami dworca głosi: „Każde jutro jest lepszym jutrem".

Jeśli w Indiach tylko *stoisz* w kolejce, to zawsze będziesz ostatni! Dlatego że wszyscy inni ludzie dookoła posiadają niezwykłą umiejętność aktywnego uczestniczenia w oczekiwaniu, którą nazywam indyjskim talentem do natychmiastowego wślizgu.

Wślizg polega na tym, żeby czujnie obserwować przestrzeń dookoła siebie i jeżeli tylko nadarzy się sposobność, natychmiast przemieścić się bliżej celu, niezależnie od tego co robią ludzie dookoła. Nieważne w jakiej stoisz kolejce i dokąd ona prowadzi. Nieważne czy otacza cię tłum dziesięciu czy tysiąca osób. Jeżeli chcesz osiągnąć szczęśliwą metę w urzędowym okienku, nie przestawaj zmierzać do celu.

Niech cię nie zmyli teoretyczna formuła ogonka stworzonego przez kolegów obywateli. Ani strzałki lub linie narysowane na ścianie lub podłodze.

Jeżeli tylko staniesz w kolejce z europejską nadzieją, że kolejka posuwa się naprzód zgodnie z kolejnością osób w niej oczekujących, to zawsze będziesz ostatni.

Tak jak ja.

Po pół godzinie grzecznego stania w kolejce wciąż byłam na końcu.

A więc dobrze. Poprawiłam plecak na ramionach. Zrobiłam krok naprzód. Tam, gdzie pozornie nie było miejsca, bo ciasno wypełniali je szczupli indyjscy panowie. Kobiety nie stały w kolejce. Zapewne czekały na swoich mężczyzn w bardziej bezpiecznej okolicy.

Zrobiłam więc krok w tłum. A on posłusznie przesunął się dalej! Po lewej pojawiła się wolna szczelina. Natychmiast umieściłam w niej łokieć. Kolejka zamknęła się za mną. Byłam o dwadzieścia centymetrów bliżej celu!

Już nie stałam biernie w kolejce, tylko czynnie brałam udział w przemieszczaniu się naprzód. Twardo, nie ustępując ani o krok. Bez wahania. Równie czujna jak doświadczeni lokalesi. Wyczuwałam gdzie zwalnia się odrobina przestrzeni i natychmiast stawiałam tam stopę, wsuwałam ramię albo kawałek pleców. Łagodnie, bez przepychanek. To nie jest walka o miejsce, tylko wyścig czujności, refleksu i miękkich, ale szybkich i zdecydowanych gestów.

Krok po kroku.

Złapiesz się metalowej poręczy i już masz delikatną przewagę nad tymi, którzy wiszą w powietrzu bez żadnej podpory. Trzymaj się mocno, nie pozwól się przesunąć. Lada moment otworzy się skrawek podłogi przed tobą, wtedy odepchniesz się od poręczy i będziesz pół metra bliżej celu.

Ludzie dotykają się i nie dotykają jednocześnie. Nie napierają na siebie, nie tłoczą się w niecierpliwym ścisku. Raczej uczą się wykorzystywać każdą najmniejszą sposobność do zajęcia niewykorzystanej przez innych przestrzeni. Wślizgują się w każde najmniejsze wolne miejsce. I w ten sposób płyną naprzód.

Tak jak i ja.

Hurra!!!

Kamienny parapet okienka biletowego!

Chwytam się go jak koła ratunkowego, zaciskam na nim palce, przyciągam do niego resztę ciała. Szczerzę zęby w radosnym uśmiechu!!! Triumfalnym gestem wyciągam kartkę, gdzie zapisałam numer i nazwę pociągu do Varanasi.

– *One ticket, please!*[13] – mówię uradowanym głosem.

Urzędnik w okienku kręci przecząco głową.

– Nie sprzedajecie biletów?

– Sprzedajemy bilety.

– Macie bilety na ten pociąg?

– Nie, nie – odpowiada kasjer i wyciąga rękę. – Inne okienko!

– Inne okienko?! – powtarzam ze zdumieniem. – Jak to?

Trzymam się palcami kamiennego blatu, bo falujący dookoła tłum jest gotów porwać mnie ze sobą jak wzburzona górska rzeka i zanieść gdzieś daleko, gdzie nie będę blokowała okienka, kolejki i otrzymania upragnionych biletów.

Jakie inne okienko??? Dlaczego??? Gdzie???

– Tam – mówi kasjer. – Inna kasa. *Foreign tourists!*[14]

O rety! Rzeczywiście! Całkiem o tym zapomniałam! Osoby z zagranicy kupują bilety w specjalnie wydzielonym miejscu! Tam, gdzie pan kasjer mówi po angielsku i umieszcza pasażerów w specjalnie klimatyzowanych wagonach.

To była ostatnia rzecz, na jaką miałam ochotę.

Ale nie miałam też wyjścia. Niecierpliwa rzeka ludzi drgnęła, ruszyła i w mgnieniu oka wyślizgnęła mnie spod zamglonej milionami oddechów szyby. Bez biletu. Ale z nadzieją, że nie wszystko jeszcze stracone.

---

13 *One ticket please* – (ang.) Poproszę o jeden bilet.

14 *Foreign tourists* – (ang.) Turyści zagraniczni.

ROZDZIAŁ 18

Biuro dla Zagranicznych Turystów

Pociąg miał dwie i pół godziny opóźnienia. Można to uznać za margines błędu w takiej gigantycznej sieci szyn i pociągów, które zresztą są znacznie większe i znacznie dłuższe od wszystkich, jakie wcześniej widziałeś.

Kasa na dworcu była zamknięta.

Wyruszyłam więc do miasta na poszukiwanie *Foreign Tourist Bureau*[15], czyli specjalnego Biura dla Zagranicznych Turystów. Wiesz o co chodzi. W kraju, gdzie mieszka bardzo dużo ludzi, trzeba stwo-

---

15 *Foreign Tourist Bureau* – (ang.) Biuro Turysty z Zagranicy.

Ludzie w Europie
są wewnętrznie
rozbiegani.

Patrzą, ale nie widzą.

Czytają, ale
nie rozumieją.

Uczą się, ale
nie pamiętają

Ludzie w Indiach
są uważni.

Skupieni na tym, co
akurat robią.

Inteligentni.

Mają myślące oczy.

rzyć bardzo dużo miejsc pracy. To dlatego zobaczysz pana, który jest zatrudniony tylko po to, żeby stał przy wejściu i pociągał za mosiężną poręcz, żeby otworzyć drzwi. Tak jakby przeciętny przechodzień albo klient nie był w stanie zrobić tego osobiście.

Biuro dla Zagranicznych Turystów w Indiach nie będzie klimatyzowanym urzędem w amerykańskim stylu, gdzie przy lśniących biurkach siedzą ubrane w identyczne mundury urzędniczki. Każda z identyfikatorem, telefonem i komputerem, przeszkolona, żeby zawsze zacząć od sakramentalnego:

– *How can I help you?* Jak mogę ci pomóc?

O nie!

Spodziewaj się raczej ciasnego pokoju pełnego pękatych, starych szaf, z których wylewają się wyblakłe ze starości pisma, trzeszczących krzeseł i srogo wyglądających urzędników, którym przeszkadzasz w realizowaniu innych, znacznie ważniejszych zadań niż pouczanie jeszcze jednego zabłąkanego, średnio przytomnego turysty.

Coś ci powiem.

Zauważyłam to już wcześniej.

Ludzie z Europy są dziwnie rozbiegani wewnętrznie. Przedmioty wypadają im z rąk, podczas wyjmowania jednej rzeczy z torby wysypują im się też inne, zahaczają włosami o futryny, paskami o biurka, potykają się na chodniku, podają ci nie to, o co prosiłeś, ciągle za coś przepraszają, ciągle się śpieszą, ciągle czegoś szukają, ciągle czegoś im brakuje.

Mają rozbiegany wzrok, wykonują nerwowe gesty, potrącają szklanki, dzbanki i wazony, żyją w jakimś wiecznie nieuporządkowanym wewnętrznym bałaganie.

Patrzą, ale nie widzą. Czytają, ale nie rozumieją. Uczą się, ale nie pamiętają. Wydają się bezmyślnie zagubieni w czymś, co już dawno ich przerosło i co uznali za niemożliwe do okiełznania.

Ludzie w Indiach są zupełnie inni. Potrafią poświęcić całą uwagę temu, co właśnie robią, niezależnie od tego czy jest to projektowanie nowego wieżowca, czy układanie pomarańczy na chodniku. Są skupieni na tym co robią teraz, a to co ma przyjść później, może przyjdzie i wtedy będzie czas, żeby się tym zajmować.

Ludzie w Indiach są uważni. Inteligentni. Mają myślące oczy.

Nigdzie nie widziałam takiego niezdrowo wyglądającego gościa w garniturze z teczką w ręce, jakich jest pełno w Europie. Blady, z jakimś dziwnym zagubieniem w oczach, ledwie dostrzegalną bezradnością i przerażeniem, a jednocześnie z panicznym pragnieniem sukcesu.

To go napędza i to go zgubi. Pożądanie sukcesu jest dla niego równoznaczne z pieniędzmi (bo one mają mu zapewnić poczucie bezpieczeństwa), podziwem (który zaspokoi jego dręczącą potrzebę akceptacji) i seksem z wcześniej niedostępnymi kobietami (które pozwolą mu podnieść zbyt niskie poczucie własnej wartości). Wokół tego krążą jego myśli i marzenia. Mieć więcej, wybić się, zachłysnąć się byciem na szczycie. Tego chce. I to pragnienie go zabije, bo jest w gruncie rzeczy fałszywą grą pozorów i manipulacji, którymi usiłuje zdobyć wartości materialne w nadziei, że przedmioty i bogactwo uśmierzą jego prawdziwy ból, czyli duchowe braki poczucia akceptacji, bezpieczeństwa i miłości.

Tacy goście zawsze patrzą daleko w przyszłość, ale prawie nigdy nie są w stanie dostrzec tego, co istnieje w tej konkretnej chwili. I dlatego zawsze wydają się pędzić na oślep przed siebie. A ponieważ w takiej szalonej gonitwie nigdy nie ma końca, prędzej lub później padają na twarz z wycieńczenia i wtedy myślą, że właśnie kończy się ich świat. Podczas gdy w rzeczywistości on się dopiero zaczyna.

Tutaj w Indiach takich nie ma. Oni nie żyją pożądaniem tego, co będzie w przyszłości. Raczej wypełniają swój dzień tym, co jest dzisiaj, a to w najlepszy możliwy sposób przyciąga wszystko, co ma się zdarzyć następnego dnia.

To widać wszędzie dookoła, w drobiazgach, którymi ludzie tutaj zajmują się na co dzień i co stanowi istotę ich rzeczywistości.

W sklepiku sprzedającym materiały budowlane płachty sklejki ktoś ułożył na dwóch stosach równiutko co do milimetra.

Gość, który na chodniku sprzedaje portfele, każdy z nich starannie czyści wilgotną szmatką. Batoniki u sprzedawcy słodyczy leżą zgodnie z kolorami w odpowiednich przegródkach. U kucharza w ulicznej budce z jedzeniem też wszystko ma swoje miejsce. Każdy świeżo upieczony placek zostaje wyjęty z garnka z taką uwagą, jakby był nowo narodzonym dzieckiem. Umieszczony w metalowej misce na skraju blatu ze starej deski, z której od razu są wycierane krople oleju. Nie ma mowy o bałaganie, zbędnych ruchach ani bezmyślności.

Kucharz dba o swoje gotowanie. Uliczny handlarz dba o swój towar. Staruszeczka sprzedająca banany układa je ogonkami w jedną stronę,

żeby ładnie wyglądały. A pan, u którego kupowałam wczoraj bilet na pociąg, wziął mój formularz i starannie ułożył go na kupce innych. Powolutku, ze skupieniem.

A właśnie. Bilet.

Wędrowałam mniej więcej w kółko po kwartale ulic, gdzie miało się znajdować legendarne Biuro dla Zagranicznych Turystów. Wypatrywałam jakiejś informacji, tablicy, szyldu, usiłowałam śledzić numery domów, ale na niektórych budynkach nic nie było napisane, a potem okazywało się, że jestem już na innej ulicy. Obeszłam biuro dookoła ze trzy razy. To znaczy biuro wraz z przyległościami w postaci kilku sąsiednich ulic.

Aż wreszcie stanęłam, westchnęłam, po raz kolejny przyjrzałam się mapie i nagle mnie olśniło. Te drzwi w ciemnej bramie pod gęstymi gałęziami drzew to właśnie jest biuro! Otwarte!

W środku – tak jak się spodziewałam – kilku panów przy drewnianych biurkach, zepsuty zegar na ścianie, a pod sufitem prehistoryczny wiatrak zagarniający łopatami powietrze takim gestem, jakby przesiewał prawdę od kłamstw.

W Indiach nie kupisz biletu kolejowego na samo słowo. Musisz wypełnić odpowiedni formularz. To właśnie tam należy wpisać nie tylko swoje imię i nazwisko, wiek i numer paszportu, ale także datę podróży, jej cel oraz numer pociągu, którym zamierzasz podróżować.

Byłam dobrze przygotowana.

Mój pociąg nazywał się Vibhuti Express i nosił łatwy do zapamiętania numer 12333. To bardzo ważne. Bo tylko po tym numerze będziesz w stanie rozpoznać swój pociąg, odnaleźć go na tablicy odjazdów, a potem odszukać go na odpowiednim peronie. Wśród dziesiątek innych ogromnych, spóźnionych pociągów i tysięcy miejscowych ludzi, którzy nie rozumieją kiedy mówisz do nich po angielsku.

ROZDZIAŁ 19

Nauczyciel Swami

Przyjechałam na dworzec z godzinnym wyprzedzeniem, żeby się dowiedzieć, że odjazd został przesunięty z dwudziestej na 21.45. Ostatecznie ruszyliśmy o 22.15. Ponad dwie godziny opóźnienia, które wzrosło do mniej więcej czterech podczas podróży.

Znalazłam okienko z informacjami o zmianach. Znalazłam mój peron. I znów pomyślałam, że to nieprawda, co się mówi o Indiach, dlatego że ten indyjski chaos wcale nie jest chaosem. Wszystko jest precyzyjnie zaplanowane. Ktoś przemyślał to, co się tutaj dzieje. I wymagało to sporo pracy, bo przecież – tak jak pisałam wcześniej – to są ogromne dworce i bardzo długie pociągi, które jeżdżą po gigantycznej liczbie krzyżujących się tras.

Ale zobacz.

Mój pociąg miał ze czterdzieści wagonów. To wcale niewiele jak na Indie. Każdy wagon ma numer z literą, która symbolizuje jego rodzaj. Są wagony pierwszej klasy z klimatyzacją, są kuszety, są też zwykłe wagony najtańszej klasy, gdzie podróżuje się bez rezerwacji miejsca, czyli wśród tylu osób, ile da radę wcisnąć się do środka.

Peron jest niewyobrażalnie długi – bo musi się przy nim zmieścić cały pociąg, który może mieć nawet siedemdziesiąt wagonów. Wyobrażasz sobie? Do takich pociągów podczepia się dwie lokomotywy jedna za drugą, bo pojedyncza lokomotywa nie dałaby go rady uciągnąć.

Jest więc bardzo długi pociąg i równie gigantycznie wielki peron, na którym stoją, siedzą i leżą tysiące ludzi.

I teraz uwaga. Na całej długości peronu na słupkach wiszą tabliczki. Zanim pociąg pojawi się na stacji, na tych tabliczkach wyświetla się jego numer oraz numer konkretnego wagonu, który akurat w tym miejscu zaparkuje.

Pociąg wjeżdża. I rzeczywiście! Wagon S3 zatrzymuje się dokładnie tam, gdzie wyświetla się tabliczka z tym numerem. Biegniesz więc co sił z całym swoim bagażem, żeby znaleźć przypisany ci numer. Mijasz AB1, AB2, AB3 i następne. Z otwartych okien dosięga cię powiew sztywnego, zimnego powietrza klimatyzacji. Otrząsasz się z obrzydzeniem i biegniesz dalej. To znaczy ja otrząsam się z obrzydzeniem, bo nie wyobrażam sobie spędzenia całej tropikalnej nocy w martwych objęciach sztucznie schłodzonego powietrza z klimatyzacji.

Biegnę dalej. Wagon G8 wygląda jak żelazna krowa, do której jedynego wymiona usiłuje się przyssać tysiąc głodnych ludzi. Tłoczą się z tobołkami przy otwartych drzwiach, usiłując wcisnąć się do środka.

Biegnę dalej. Gdzieś na horyzoncie majaczy litera S1. Nadzieja! S jak *sleeper*, czyli wagon z miejscami do spania. Ja mam kuszetę w wagonie S3. Jest! Widzę! Cudownie! Dobiegam. Dyszę. Szarpię za drzwi. Zamknięte! Ktoś szarpie razem ze mną. Zamknięte! Nie da się otworzyć!

– Następne drzwi! – krzyczą ludzie i rzucamy się w pogoń do początku wagonu.

Ufff! Otwarte! Pakuję się do środka. Wciągam bagaż, szukam mojego miejsca. Jest dokładnie na przeciwnym końcu wagonu, tuż przy drzwiach, których nie można otworzyć, bo ktoś zatrzasnął je na zawsze.

Przeciskam się więc przez ciasny korytarz między zdziwionymi tubylcami układającymi się do snu. Jest już przecież głęboka noc. Czas spać.

Wagon S3. Miejsce numer siedemnaście. LB, czyli *lower berth*, dolna kuszeta. Specjalnie tak wybrałam, żeby mieć blisko do bagażu i ewentualnie móc się do niego przywiązać.

Docieram. Siadam. Co za ulga!

– *Good evening!* – uśmiecham się od ucha do ucha.

– *Good evening!* – odpowiadają mi trochę nieśmiało czterej studenci.

Skąd wiem, że to studenci? To widać od razu – skromni, szczupli, o bystrych, czarnych oczach. Czuje się, że są skoncentrowani na umysłowej pracy, zdobywaniu wiedzy i rozwijaniu swoich umiejętności. Jeśli nie są studentami, to mogą być tylko geniuszami z Doliny Krzemowej. Albo jednym i drugim.

– Jedziecie do Varanasi? – pytam.

– Tak, tak – odpowiadają od razu, przyglądając mi się z ciekawością.

– Studiujecie w Kalkucie? – domyślam się. Pewnie jadą na ferie do domu.

– O nie, my studiujemy w Varanasi!

– A co robiliście w Kalkucie?

– Przyjechaliśmy na konferencję.

– Seminarium międzynarodowe – dodaje drugi student i pokazuje napis na torbie. – Na cześć sto pięćdziesiątych urodzin Swami Vivekanandy.

– Znasz Swami Vivekanandę? – upewnia się trzeci student takim tonem, jakby to było oczywiste.

– Swami?... – powtarzam z wahaniem, usiłując odszukać w pamięci jego nazwisko.

– To słynny nauczyciel! – podpowiada żarliwie czwarty student. – Bardzo mądry człowiek, który uczy nas życia.

– Ach tak.

– I tolerancji między religiami.

– I poczucia własnej wartości, i siły, żeby spełniać swoje marzenia.

– Naprawdę? – wtrąciłam ze szczerym zainteresowaniem.

– Tak, to jest duchowy nauczyciel młodzieży w Indiach!

– Serio?

– Tak! Zobacz! – jeden ze studentów wyciąga z torby książeczkę w żółtej okładce.

„Życie i nauki Swami Vivekanandy". Na okładce – młody gość w pomarańczowym turbanie i pogniecionych, spłowiałych, pomarańczowych szatach. Patrzy trochę nieobecnym wzrokiem prosto w kamerę. Zdjęcie pochodzi mniej więcej sprzed stu lat. To jest nauczyciel indyjskiej młodzieży?...

– Tak! – studenci kiwają głowami z przekonaniem.

Na tylnej stronie okładki jest napisane tak: „Nauki Swamiego stanowią niewyczerpane źródło inspiracji dla młodych ludzi, ucząc jak można osiągnąć sukces poprzez pokonanie problemów i trudności, aby prowadzić moralne i uduchowione życie, a także nadać życiu sens poprzez służenie w potrzebie innym ludziom, szczególnie ubogim i chorym".

Pociąg stukał i kołysał się na torach w zimnej ciemności indyjskiej nocy. Czy to ja jestem tak zmęczona i straciłam chwilowo zdolność do obiektywnego widzenia spraw, czy rzeczywiście jest to najbardziej niezwykła książka dla nastolatków, jaką widziałeś?

Książka, która reklamuje się tym, że nauczy cię etycznego i moralnego życia. Książka, którą kupują nastolatki w Indiach.

Czy wiesz co to oznacza???

Kręciło mi się w głowie. Nie wiem czy to z wrażenia, czy z głodu, a może to tylko złudzenie wywołane ruchem pociągu. Spojrzałam jeszcze raz na okładkę.

A więc wychodzi na to, że w świecie pełnym przypadkowych osób lansowanych na gwiazdy, katastroficznych wiadomości, walki o władzę i pieniądze, są wciąż miejsca, gdzie najważniejsze jest to, co jest naprawdę ważne, bo stanowi najbardziej trwałą podstawę do wszystkiego, co możesz sobie zbudować w życiu.

Trzeba być po prostu uczciwym człowiekiem, który ma wewnętrzną potrzebę rozwoju duchowego, bo wie, że im silniejsza będzie jego dusza, tym lepsze będzie jego życie.

W tym samym czasie w Europie nauczą cię różnych powierzchownych sztuczek – jak manipulować rozmówcami, jak zrobić lepsze wrażenie, jak znaleźć najlepszą okazję, gdzie tanio kupić i jak coś łatwo załatwić.

A w Indiach ludzie koncentrują się na tym, co jest naprawdę ważne.

– Więc wracacie z seminarium? – podchwyciłam. Wszyscy mieli identyczne torby z nazwą konferencji. – I czego się tam uczyliście?

– Mam tu gdzieś ulotkę z programem. O, proszę.

– „Harmonia między religiami z punktu widzenia dżinizmu" – przeczytałam na głos. – To było wczoraj?

– Przez cały dzień.

– Ciekawe?

– Bardzo!

Wyobrażam sobie. Dżinizm to najbardziej pokojowa religia na świecie. Jej wyznawcy starają się nie skrzywdzić żadnej żywej istoty, dlatego nie tylko nie jedzą mięsa, ale niektórzy podczas mówienia starają się zakrywać usta, żeby przypadkiem nie przyczynić się do cierpienia muchy, która omyłkowo mogłaby do tych ust wpaść.

Harmonia między religiami z punktu widzenia chrześcijaństwa. Harmonia między religiami z punktu widzenia islamu. Hinduizmu.

Galeria multimedialna: zeskanuj zdjęcie i zobacz mój bilet i kolegów w pociągu do Varanasi.

Buddyzmu. Judaizmu. Takie były tematy konferencji, na którą przyjechali wykładowcy ze Stanów Zjednoczonych, Chin i Indii.

Zastanawiam się. Sześć dni. Pewnie za darmo dla młodzieży, bo żaden ze studentów nie wyglądał na kogoś, kto może sobie pozwolić na równie ekscentryczny wydatek. Konferencja współorganizowana przez rząd Indii, który musiał na to wyłożyć bardzo dużo pieniędzy.

Czy to znaczy, że stawiają na edukację młodzieży zamiast zbierać bezdomnych z ulicy? Dzięki temu ci, którzy dzisiaj mają po dwadzieścia lat, będą przygotowani do dorosłego życia i będą umieli mądrze je wykorzystać. Nie trafią na ulicę, nie dadzą się zniewolić przez alkohol, narkotyki i leki podnoszące samopoczucie. Będą mieli wewnętrzną równowagę, poczucie sensu i cel.

Będą najfajniejszymi dorosłymi, jakich można sobie wyobrazić. I to oni będą rządzili światem za dwadzieścia lat.

Gdzie będzie wtedy Europa z legalną marihuaną, powszechnym obyczajem picia alkoholu, otyłością i sztuczkami autoprezentacji?...

ROZDZIAŁ 20

Wielka gąsienica

Położyłam się w końcu spać. Pociąg będzie jechał przez całą noc. Z Kalkuty do Varanasi jest piętnaście godzin drogi, nie licząc opóźnienia, rzecz jasna.

Ale to nic. Długie podróże pociągiem i autobusem mają swój urok. Siedzisz, patrzysz na świat, poznajesz ludzi, rozmawiasz, a czasem milczysz bez żadnych myśli i unosisz się wewnętrznie na poziom pewnej transcendentalnej medytacji. Lubię ten stan.

Na razie jednak musiałam jakoś się zorganizować na wąskiej i twardej pryczy indyjskiego pociągu mknącego przez noc z takim hukiem i łomotem, że w przedziale panował ogłuszający hałas – mimo że miałam piankowe zatyczki w uszach.

Wyciągnęłam się na mojej dolnej pryczy. Ścisnęłam w ręce żółty sznurek, który specjalnie wyjęłam z torby, żeby ją do siebie przywiązać. Ale studenci tylko się roześmiali na ten widok.

Coś ci powiem.

Podróżowałam pociągami po Indiach wiele razy. W przewodnikach zawsze było napisane, żeby kupić specjalny łańcuch z kłódką i przykuć swój bagaż do siedzenia, w przeciwnym razie szanse na odnalezienie go o poranku są nikłe.

Nigdy nie miałam takiego łańcucha. Nigdy nie przywiązałam bagażu. I nigdy nic mi nie zginęło.

Po prostu.

Wystarczyło wsunąć bagaż pod dolne siedzenie – tak samo jak robią to wszyscy inni indyjscy podróżni. Kiedy ktoś wysiada, wyciąga swoją torbę i wychodzi. Normalnie, jak na całym świecie.

Ale za każdym razem kiedy jestem w Indiach, czytam w przewodniku ostrzeżenia, więc myślę sobie:

– Kurczę, może dotychczas miałam po prostu szczęście? Może tym razem powinnam się odpowiednio zabezpieczyć?

Wsiadłam więc do tego nocnego pociągu z długim alpinistycznym, mocnym sznurkiem. Pomyślałam, że jeśli owinę nim torbę i zawiążę go sobie na ręce, to nie ma takiej możliwości, żeby ktoś niepostrzeżenie przeciął ten sznurek i oddalił się z moim bagażem.

I kiedy już postanowiliśmy położyć się spać, wyjęłam ten sznurek z wiadomym zamiarem, a studenci zaczęli się śmiać.

– Nie musisz przywiązywać swojego bagażu – powiedział jeden z nich. – Zobacz – my też chowamy nasze torby pod siedzenie. Nic im się nie stanie.

– Na pewno? – upewniłam się.

– Oczywiście!

Spojrzałam im w oczy. Uśmiechnięte, szczere. Nie miałam wątpliwości, że mówią prawdę. I zresztą potwierdzało to całe moje dotychczasowe doświadczenie indyjskie.

Podręczny plecak na wszelki wypadek położyłam sobie obok głowy. Zawsze tak robię, gdziekolwiek jestem. Czy w hamaku na statku płynącym po Amazonce, czy w autobusie podskakującym przez afrykańskie bezdroża, czy w indyjskim pociągu. Podręczny plecak z aparatem fotograficznym, paszportem i pieniędzmi jest zawsze blisko mnie. Jak część mojego ciała. Nigdy się z nim nie rozstaję.

Pomacałam ręką bagaż wsunięty pod pryczę. Nasunęłam na czoło kaptur mojego lekkiego tropikalnego śpiwora. Westchnęłam z lubością.

Jak cudownie jest położyć się na wznak po długim dniu pełnym przygód. Wyciągnąć nogi, zamknąć oczy, pozwolić się ukołysać tropikalnej nocy…

Bum, bum, bum, łup, łup, łup – pociąg z łoskotem przewalał się po podkładach, podskakiwał i szarpał się jak żelazny pies na uwięzi. Podrzucał mną jak wiórkiem na twardej patelni. Ale to nic. Dam radę.

Znów zamknęłam oczy. Wyobraziłam sobie jak wygląda ten pociąg z góry – jak gna przez czarną indyjską noc, mijając skromne domki zbudowane z desek, ciemny las i pogrążone w ciemności pola, na których schronienia szukają bezdomne psy.

A pociąg pędzi po torach przed siebie.

Czy ta szalona wielka żelazna gąsienica zechce dotrwać do rana? Unosi w brzuchu jakiś tysiąc osób, które akurat tego samego dnia postanowiły wyruszyć w podróż. Czy dojadą do celu? Czy obudzimy się rano w świetle poranka, czy na chmurach innego świata? Czy…

Odpłynęłam w sen.

Co będzie, to będzie. Cokolwiek się dzieje, jest już poza mną, bo ja śpię…

A raczej spałam. Krótko. Może godzinę. Obudził mnie lodowaty chłód.

Skuliłam się. Rety, jak zimno!

Miałam na sobie termoaktywne kalesony i bluzę z długimi rękawami, na to spodnie, koszulę i polar. I tropikalny, lekki śpiwór, który też powinien choćby odrobinę chronić przed chłodem. I być może chronił, ale zimna było więcej niż na Antarktydzie!

Co robić?

W pierwszej kolejności zamknąć okno! Było otwarte tuż nad moją pryczą i to przez nie wpadał do środka lodowaty wiatr.

Zimno!

Wkładam puchową kurtkę. Zwijam się w kłębek, nasuwam kaptur na nos. Twardo, niewygodnie. Prycza jest wąska i śliska. I wciąż jest mi zimno! Coś dmucha na mnie jak z rozpędzonej lodówki!

Okno! To samo, które wcześniej zamknęłam! Znowu jest otwarte i dyszy przeraźliwie zimnym wiatrem.

Podnoszę się, zatrzaskuję je do ostatniego milimetra, oddycham z ulgą, kładę się.

Wiatr! Najpierw przez malutką szczelinę, a potem wdziera się do środka coraz śmielej, coraz większymi podmuchami. Aaaaa!!!! To okno samo się otwiera podczas podskoków żelaznych kół po torach! A na dworze panuje przenikliwie zimna noc!

Co robić?

Nie ma dokąd wyjść. Wszędzie na siedzeniach i na podłodze leżą uśpieni ludzie zawinięci w koce aż po czubek nosa. Pociąg wygląda tak, jakby przewoził na swoim pokładzie setki mumii. Oni wszyscy chyba śpią. No tak, ale nad ich głowami nie ma otwartego okna, przez które wpada himalajski wiatr.

Co robić?

Czy mam jeszcze coś, w co mogłabym się ubrać?...

Na górze jeszcze daję radę, bo grzeje mnie kurtka puchowa. Najgorzej jest z nogami. Stopy i kolana mam tak zimne, że czuję w nich fizyczny ból. Muszę coś zrobić!

Tylko co?...

Torebki foliowe! Zawsze mam kilka pod ręką na wypadek nieprzewidzianej potrzeby. Takiej jak teraz.

Zakładam worek na kolano, do drugiego pakuję stopy. Zawiązuję. I śmieję się w duchu, że gdyby ktoś mnie teraz zobaczył, to pewnie miałby ubaw.

Wyobraź sobie. Skulona na wąskiej, twardej pryczy w rozpędzonym indyjskim pociągu, z kapturem na czole i nogami zawiniętymi w plastikowe torebki, żeby trochę je rozgrzać.

Niestety, niewiele to pomaga.

Rozcieram sztywne stopy palcami. Kładę ręce na kolanach i czuję się tak, jakbym trzymała w dłoniach dwa kamienie. Takie są zimne.

Pociąg gna przed siebie jak wielka gąsienica, głośno waląca żelaznymi piętami o szyny. Przez otwarte okno do środka wdziera się lodowaty wiatr. Wszyscy śpią. Przynajmniej tak mi się wydaje. Ja przewracam się z boku na bok, usiłując znaleźć w tej zimnej, nieprzyjaznej, indyjskiej nocy choćby najmniejszy płomyk ciepła.

ROZDZIAŁ 21

Słucham mojego serca

Obudziło mnie szturchnięcie. Było już jasno. I bardzo zimno. Przez otwarte okno wpadał lodowaty wiatr. A pociąg pędził przed siebie.

Myślisz, że w Indiach jest gorąco? Że kołyszą się palmy kokosowe, świeci słońce i dojrzewają egzotyczne owoce? Na południu tak. A czy wiesz, że w mieście Dras w stanie Dżammu i Kaszmir temperatura w zimie spada do –45 stopni? To drugie najzimniejsze miasto na Ziemi po syberyjskim Jakucku. W Indiach. Blisko Himalajów.

Nawet w New Delhi temperatura czasem spada poniżej zera.

Teraz rozumiesz?

Indie wcale nie są tropikalnym ogrodem. Bywają miejsca, gdzie panuje przenikliwy antarktyczny ziąb. Tak jak na przykład w moim pociągu z Kalkuty do Varanasi.

Miałam sztywne nogi od zimna. Kolan w ogóle nie czułam. Usiadłam na pryczy, zgarbiona, bo nad moją głową spał student. Zamknęłam okno, ale ono uparcie prawie od razu znów zaczynało się podnosić.

Dochodziła siódma rano. Na zewnątrz – pola ryżu, maleńkie wioski zbudowane z cegieł. Zamglone, pochmurne niebo.

– *Chai, chai, chai!!!* – rozległo się nagle wołanie.

Wszyscy drgnęli. Te trzy słowa powtarzane jak śpiewny refren zlewały się w całość i brzmiały jak rozgrzewająca, stawiająca na nogi nadzieja!!!

– *Ciajciajciajciajciajciaj!* – niosło się przez cały wagon, a ludzie pośpiesznie odgarniali szale, chusty i koce, żeby sięgnąć po drobne monety.

Chai to gorąca herbata!!! Zaparzona po indyjsku, czyli z dużą ilością mleka i cukru.

– *Chai, chai, chai, chai, chai!* – wołał szczęśliwy posiadacz gorącego imbryka, który nosił na specjalnej podstawce z metalowego kubła wypełnionego rozgrzanymi węglami.

Sześć rupii. Trochę ponad trzydzieści groszy. Tyle kosztuje mały plastikowy kubek z napojem ratującym życie. Nie moje, niestety. Smak mleka i cukru wydał mi się tak odrzucający, że wypiłam tylko jeden mały łyk. I drugi, żeby mieć pewność, że nie jestem w stanie tego przełknąć.

– *Chai, chai, chai, chai, chai!!!* – wołał sprzedawca herbaty, choć nie musiał nikogo namawiać.

Wszyscy chcieli trochę się rozgrzać. A on specjalnie wstał przed świtem, żeby zagotować wodę, zaparzyć herbatę w tym ogromnym czajniku i przydźwigać ją do nocnego pociągu dla zmarzniętych pasażerów.

Studenci też wstali. Wypili herbatę. Ktoś wyjął rozmiękłe placki i chrupki kukurydziane, ja przypomniałam sobie, że mam papierową tutkę z absolutnie fantastycznymi orzeszkami ziemnymi upieczonymi w gorącym piasku wymieszanym z popiołem i zrobiło się całkiem rodzinnie.

A właśnie.

Rzuciłam okiem na studentów. Mówią biegle po angielsku. Są najlepszym możliwym źródłem informacji. Wyciągnęłam w ich stronę orzeszki.

– *So, do you like India*[16]*?* – zagadnął Devendra.

– Bardzo! – odpowiedziałam od razu. – Ale są rzeczy, których nie rozumiem. Może wy mi je wyjaśnicie?

– Jeżeli tylko będziemy potrafili – roześmiali się. – A co na przykład?

– Na przykład krowy! Byłam w Indiach wcześniej i zawsze na ulicach widziałam swobodnie spacerujące krowy. Czasami kładły się na środku skrzyżowania, zatrzymywały ruch, ale to nikomu nie przeszkadzało! Wiadomo przecież, że krowy w Indiach są święte! A w Kalkucie? Nie ma ani jednej! Jak to możliwe?

– To proste – odrzekł Ajit. – Rząd łapie wszystkie krowy i byki, wszczepia im czipy i trzyma w wielkiej zagrodzie za miastem.

---

16 *So, do you like India?* – (ang.) No i jak ci się podoba w Indiach?

Gorąca herbata!

6 rupii za czarkę od
wędrownego
sprzedawcy z gorącym
imbrykiem

6 rupii = 30 groszy

– No coś ty? – zdumiałam się. Czipy? W Indiach?

– Tak jest lepiej – odrzekł z przekonaniem. – I dla krów, i dla ludzi. To prawo zresztą zostało uchwalone już dawno, ale dopiero od kilku lat władze miasta zmuszają ludzi do jego przestrzegania.

– Naprawdę? – sapnęłam tylko i czym prędzej zapisałam to w notatniku.

Wszystko tak szybko się zmienia. Myślisz, że coś wiesz o świecie, ale ciągle odkrywasz, że właściwie wszystkiego bez przerwy trzeba się uczyć na nowo.

– A właśnie! – przypomniałam sobie drugą najdziwniejszą rzecz, którą odkryłam podczas pierwszych dwóch dni w Kalkucie. – Kiedyś było tak, że wszystkie restauracje w Indiach były wegetariańskie i dla wszystkich było oczywiste, że codzienne jedzenie jest bez mięsa. A teraz??? Dlaczego Hindusi zaczęli jeść mięso???

– Bo są Bengalczykami – odrzekł najstarszy student. – Kalkuta jest otoczona morzem i górami z pasma Kanczendzongi. Tutaj w Zachodnim Bengalu ziemia nie jest urodzajna i nie ma zbyt wielu roślin. Dlatego ludzie jedzą mięso.

– No ale… – zająknęłam się. – Ale przecież religia hinduistyczna chyba na to nie pozwala?

– Braminom. Bramin nie może jeść mięsa. A inne osoby w różnych odłamach hinduizmu mogą.

Bramin to człowiek należący do najwyższej kasty w Indiach. Nie z wyboru i nie z głosowania, ani nie na skutek osobistych osiągnięć, tylko dziedzicznie, tak jak wszyscy w jego rodzinie. Bycie braminem to oczywiście przywilej, ale też obowiązek duchowej czystości i dążenia do doskonalenia swojej wiedzy i rozwoju wewnętrznego. Bramin nie pali, nie pije, nie je czosnku, cebuli, jajek ani mięsa.

– Ale kiedyś chyba było inaczej? – upierałam się. – W Bombaju wszystkie restauracje były wegetariańskie i na palcach jednej ręki mogłam policzyć te, na których było napisane *non veg*, czyli „Nie dla wegetarian".

– Być może w Bombaju – zgodzili się studenci. – Ale tu jest Zachodni Bengal.

Zaraz. Rzeczywiście. Z Kalkuty do Bombaju jest dwa tysiące kilometrów. To mniej więcej tyle samo, co z Warszawy do Hiszpanii. Czy zdziwiłabym się tym, że w Warszawie na śniadanie podaje się jajecznicę z szynką, a w Hiszpanii w tym samym czasie tylko kawę i słodki rogalik? Pewnie nie.

Dlaczego więc tak mnie dziwi to, co się zmieniło w Indiach?...

– A teraz ja mam do ciebie jedno pytanie – oświadcza nagle najwyższy student. – Jak rozróżnić uniwersalne dobro od uniwersalnego zła?

– On zawsze o to pyta – wtrąca drugi student.

– To proste! – odpowiadam bez namysłu. – Pytaj swojego serca. Tyle że najpierw musisz oczyścić swoje myśli i nauczyć się słyszeć głos Boga, który w tobie jest.

Zapadła cisza. Turkotanie pociągu. Świst lodowatego wiatru wpadającego przez opadające okno. Ktoś siorbie herbatę.

– Ja tak zawsze robię – dodaję. – Myślę, że najważniejsze jest to, żeby zawsze kierować się uczciwością i życzliwością, niezależnie od tego co robią inni ludzie.

तथागत ने एक ब्राह्मण के प्रश्न के
मनुष्य जन्म से नहीं वरन् कर्म से ब्राह्मण होता है।

Moje pierwsze śniadanie
i drugie śniadanie, czyli
codzienne jedzenie
w północno-wschodnich
Indiach: placki *puri*
smażone na ulicy i odrobina
gorącej ciecierzycy
w sosie (u góry), i placek
z ciepłym ziemniaczanym
sosem (na dole)

Herbatę sprzedaje się w jednorazowych glinianych czarkach, które są indyjskim odpowiednikiem plastikowych kubków.

Jedna z najlepszych rzeczy w Indiach: placki *chapati* robione na poczekaniu i pieczone na suchej blasze. Pasują do wszystkiego.

Pyszna. Świeżo upieczona. Gorąca kukurydza.
Na dole: Ktoś biegnie, ktoś czeka, ktoś stoi, ktoś siedzi, ktoś drzemie, ktoś kupuje, ktoś pracuje, ktoś odpoczywa. W jednej sekundzie.

Na skrawku przestrzeni między ulicą, po której bez przerwy jeżdżą samochody, a chodnikiem, po którym bez przerwy chodzą ludzie, ktoś dał radę wcisnąć stary fotel. I świadczy tam usługi golarsko-fryzjerskie.

W centrum Kalkuty.
Popołudniowy korek.

ENTRY

Najbardziej niezwykły tramwaj na świecie. Wygląda jak czołg.
Mój bilet kosztował sześć rupii, czyli 25 polskich groszy.

Po ulicach Kalkuty jeżdżą też autobusy, taksówki i riksze ciągnięte przez bosych tubylców.

Maqbool & Co.
WB02P 0707

WB02P 0707

Kalkuta! Jedno z najbardziej niesamowitych miast na świecie.

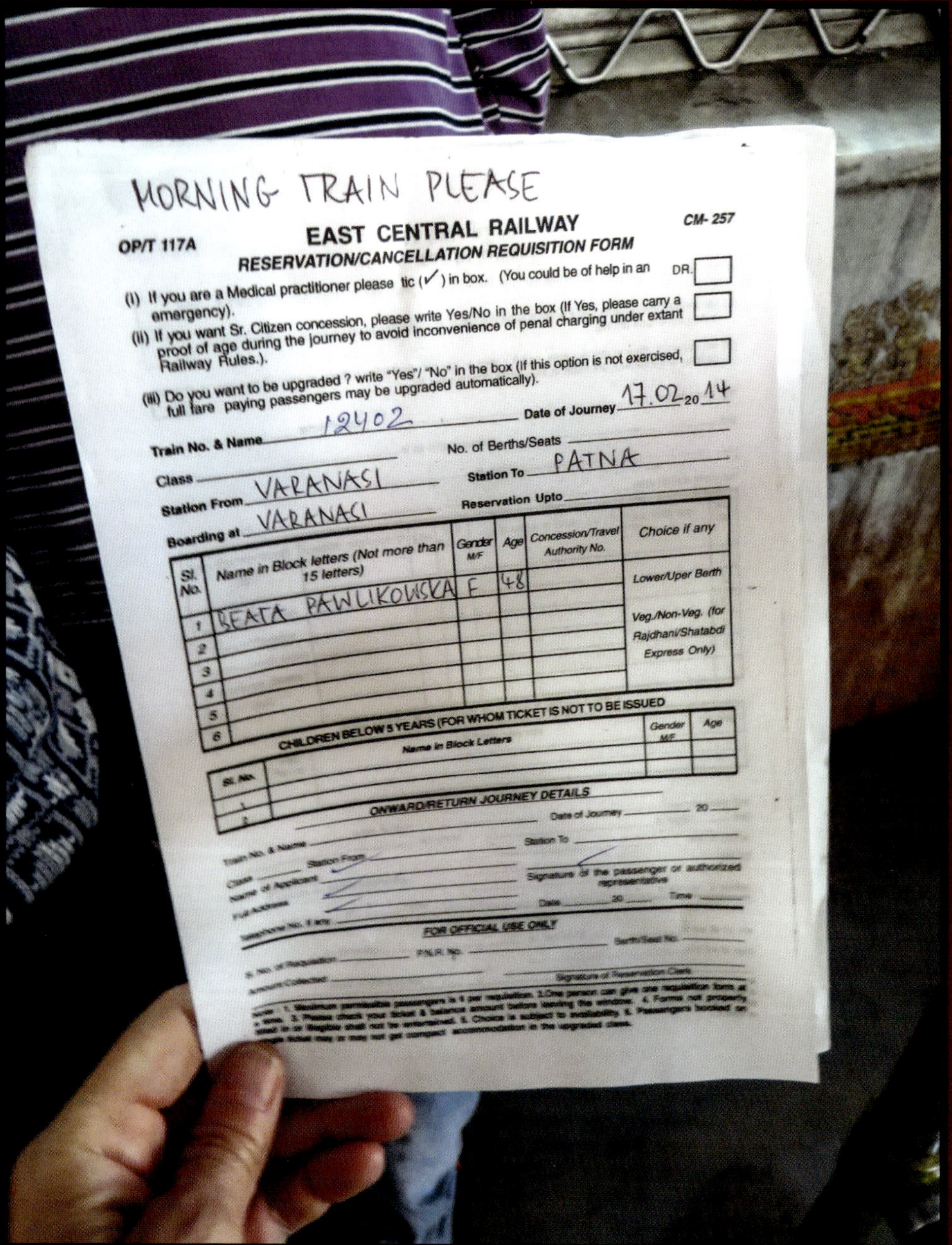

Tak wygląda formularz, który należy wypełnić w celu kupienia biletu na pociąg. Konieczne jest podanie numeru pociągu, ale uprzejmy pan w biurze dla cudzoziemców sam to dopisuje, bo wie, że zdobycie tego rodzaju wiedzy przekracza nasze skromne europejskie możliwości.

Jadę! Kupiłam bilet na pociąg z Kalkuty do Varanasi. Na pryczach dookoła mnie spali weseli studenci wracający z konferencji sponsorowanej przez rząd.

Kalkuta!

– Ale wiesz – mówi Devendra – różne rzeczy są różne dla różnych ludzi. Coś, co jest dla mnie dobre, niekoniecznie jest dobre dla ciebie.

– Oczywiście. I dlatego chodzi o to, żeby nie osądzać i nie oceniać tego, co robią inni, tylko skoncentrować się na tym, żeby samemu postępować uczciwie i dobrze.

– No tak, to wszystko wyjaśnia! – rzucił najwyższy student.

– Nauczyłam się tego w podróży. Często przyjeżdżam do kraju, gdzie ludzie robią coś, z czym się nie zgadzam, na przykład zabijają zwierzęta, żeby je złożyć w ofierze. Ja tego nie robię, ten zwyczaj jest dla mnie obcy i niezrozumiały. Ale nie oceniam tego i nie mówię wam, że musicie przestać to robić, bo najwyraźniej to jest dla was ważne i macie powód, żeby to robić. Ja to szanuję.

– Aha, no właśnie – podchwycił Ajit. – Bo rodzice ciągle mówią dzieciom co robić. Rób to, zajmuj się tym, a tego nie wolno, to jest zakazane. I tak w kółko.

– To jest inna historia – odrzekłam. – Rodzice są nauczycielami dziecka i dopóki dziecko jest na ich utrzymaniu i pod ich opieką, oni przekazują mu wszystko, co uważają za ważne i co sami szanują. Ale potem, kiedy dziecko dorasta i staje się samodzielne, musi na nowo świadomie określić to, w co wierzy i wybrać to, co uważa za słuszne.

– No właśnie, ale skąd wiesz co jest dobre, a co złe?

– Słucham mojego serca. Słucham Boga, który do mnie mówi.

– Uważasz, że każdy ma Boga w sobie?

– Tak. I nie mam na myśli Boga określonej religii albo o jakimś imieniu. Wierzę w to, że Bóg to jest…

– *Spiritual power* – podsunął Darjendra. – Moc duchowa.

– Tak! – zgodziłam się. – To wielka siła utkana z czystej duchowości.

– I poczuć go w sobie można poprzez medytację.

– Tak. Poprzez medytację. Otworzyć umysł, nie myśleć o niczym, tylko pozwolić mu wejść w swoją duszę i wtedy on cię poprowadzi.

– Ha! – odezwał się nagle czwarty student. – Dokładnie to samo mówi filozofia Swami Vivekanandy!

Popatrzyliśmy na siebie i zaczęliśmy się śmiać.

Proste rzeczy są uniwersalne. I na tym polega ich siła. Im bardziej zamkniesz duchowość w ciasnych ramach określonej religii, która każe ci pamiętać słowa modlitwy i jednego, wybranego Boga, tym dalej odsuwasz się od prawdziwej boskiej mocy, a jesteś bliższy schematowi, w którym ludzie usiłują zamknąć to, czego nie rozumieją.

Chodzi właśnie o to, że nie trzeba rozumieć.

Wystarczy tylko otworzyć swój umysł, oczyścić ciało i duszę, i poczuć w sobie duchową siłę. I w ten sposób zjednoczyć się z Bogiem.

Z okładki patrzył na mnie ubrany na pomarańczowo Swami Vivekananda. Otworzyłam książkę na przypadkowej stronie i przeczytałam na głos:

– *W każdym z nas istnieje zalążek nieskończonej doskonałości. Starajmy się dbać o optymistyczne nastawienie do rzeczywistości i starać się widzieć dobro, które jest obecne we wszystkim. Jeżeli usiądziesz i będziesz narzekał na niedoskonałości swojego ciała i umysłu, donikąd cię to nie zaprowadzi. Bo tylko próba przezwyciężenia przeciwności, jakie stoją na twojej drodze, da ci wielką duchową siłę potrzebną do rozwoju.*

I dalej:

Im dłużej żyję, tym bardziej jestem przekonany o tym, że każda istota ludzka jest boska. Nie istnieje na świecie żaden człowiek, choćby najbardziej zły, który byłby tej boskości pozbawiony.

Musisz wiedzieć kim jesteś, jaka jest twoja prawdziwa natura. Musisz być świadomy tej nieskończonej mocy, jaka w tobie jest. Wtedy nic i nikt nie będzie w stanie cię ograniczyć.

I tak sobie podróżowaliśmy.

Swami Vivekananda. Czterech wesołych studentów. I ja. W pociągu do Varanasi.

ROZDZIAŁ 22

Ich dwóch i ja jedna

Można to oczywiście zrobić łatwiej, szybciej i wygodniej. Kupić bilet na samolot z Kalkuty do Varanasi, zarezerwować z wyprzedzeniem dobry hotel i spotkać się na lotnisku z kierowcą, który będzie czekał z twoim nazwiskiem na tabliczce. Zaprowadzi cię do taksówki, zawiezie na miejsce, a kamerdyner w białej koszuli przyniesie ci sok z marakui w schłodzonej szklance.

Ale to nie o to chodzi.

To wcale nie jest podróżowanie. To tylko nudna wycieczka, która wyda ci się bardziej męcząca niż ciekawa. Bo przecież nie spotkasz ani wesołych studentów w pociągu, ani nie zmarzniesz nocą, ani nie będziesz miał szansy rozgrzać się prawdziwą indyjską herbatą sprzedawaną z wędrownego czajnika. I nie poczujesz jakie to szczęście kiedy w końcu dotrzesz do celu. Po dziewiętnastu godzinach od wyjścia z hotelu poprzedniego dnia.

Pociąg był spóźniony. Wspominałam, prawda? Noc była jednak bardzo zimna, a pociąg jechał powoli, więc opóźnienie wzrosło do pięciu godzin. Przyjechaliśmy o pierwszej po południu.

I to jest najbardziej niesamowite.

Wysiadam z pociągu. Peron jest pełen ludzi. Przyjeżdżają tragarze z wózkami, wyładowują ciężkie kartony i paczki. Wszyscy się dokądś śpieszą. Pasażerowie przeciskają się do wyjścia. Wszyscy pozawijani w bure chusty i szale, bo zimno jest okropnie. Ja mam na sobie cztery warstwy ubrania i puchową kurtkę, kaptur na głowie i kulę się z zimna.

Z drugiej strony to prawda, że nic nie jadłam od wczoraj z wyjątkiem garści orzeszków ziemnych. Mieliśmy przyjechać o 9.30, na śniadanie. Teraz jest już po obiedzie.

Ale nic.

To jest właśnie najbardziej fascynująca część podróży.

Nowe miasto, gdzie nigdy wcześniej nie byłeś. Obcy kraj. Nic nie wiadomo. W przewodniku były podane tylko trzy hotele. Nie liczyłabym na nie. Teraz czekam aż zdarzy się coś, co mnie zaprowadzi do miejsca przeznaczenia. Uwaga.

– *Hello, where are you going*[17]*?* – słyszę znienacka tuż obok siebie.

Odwracam się. No tak.

Jestem w Indiach. Tutaj często można spotkać ludzi zarabiających na tym, że dowożą turystów do sklepów i hoteli, z którymi współpracują. Z jednej strony oczywiście można to uznać za pomoc turystom,

---

17 *Hello, where are you going?* – (ang.) Witaj, dokąd idziesz?

którzy sami pewnie nie trafiliby do warsztatu produkującego przepiękne szale z paszminy, ale z drugiej strony jest to rodzaj manipulacji, bo pośrednik zabiera cię tylko do tego sklepu, który mu za to płaci.

Z trzeciej jednak strony...

– Dokąd idziesz? – powtarza cierpliwie tubylec.

Wypatrzył mnie w tłumie. Kim jest? Kierowcą naciągaczem czy bratem właściciela sklepu?

– Idę na dworzec – odpowiadam ostrożnie.

– Potrzebujesz transportu? Do hotelu nad Gangesem?

No i teraz normalnie mogłabym mu skoczyć na szyję z radości.

Bo zobacz jak to jest.

Wysiadasz na dworcu w Wiedniu albo w Londynie. Nikt się tobą nie interesuje. Wszyscy są zajęci swoimi sprawami. Nic nie wiesz. Ani gdzie szukać uczciwej taksówki, ani gdzie masz przesiadkę. Wsiadasz do autobusu, jedziesz przez obce miasto i wszystko jest odległe, obce, niedostępne.

A w Indiach jest inaczej.

Na peronie czekają ludzie, którzy chcą zarobić parę groszy na świadczeniu usług potrzebnych tym, którzy właśnie przybyli z odległego miasta. Zaniosą ci bagaż, sprzedadzą plasterek świeżej papai albo zaproponują transport. Nie musisz szukać postoju taksówek. Postój przyszedł do ciebie.

No, ale wiadomo, ludzie są różni. Jedni po prostu szukają pasażera zamiast czekać gdzieś daleko na parkingu, a inni chcą naciągnąć cię na kosmiczną opłatę licząc na to, że nie znasz lokalnych cen.

Patrzę na niego. Dobrze mu z oczy patrzy.

– Tak – odpowiadam.

No jasne! To jest aktualnie moje największe marzenie! Dojechać do hotelu nad Gangesem i zjeść gorący obiad!!!

– 70 rupii – odpowiada od razu. – Stała cena.

– Siedemdziesiąt? – upewniam się czy dobrze usłyszałam. To mało. Mniej więcej jeden dolar.

– Tak – zapewnia.

Patrzę jeszcze raz na jego twarz. Albo jest genialnym kłamcą, albo nie ma nic do ukrycia.

Oszustów łatwo jest zauważyć. Kiedy ktoś kłamie albo naciąga prawdę, zawsze w środku trochę się usztywnia. Spina się w środku. To słychać w jego głosie i widać w prawie niedostrzegalnych drżeniach mięśni na jego twarzy. Człowiek, który wie, że mówi nieprawdę, bardziej skupia się na tym, żeby to ukryć niż na tym, co rzeczywiście myśli. To widać.

Dlatego nie lubię oglądać ani słuchać polityków – bo każdy z nich nieświadomie koncentruje się nie na tym, co naprawdę myśli, ale na tym co ma do ukrycia albo na tym, jakie wrażenie chce wywrzeć na słuchaczach, albo na jakimś mechanicznym przekazie, o którym stara się pamiętać. Nie jest skupiony na prawdzie, tylko na próbie pewnej manipulacji. I to słychać w jego głosie i widać na jego twarzy.

Z naciągaczami jest tak samo.

Ale ten zmarznięty gość w szalu nasuniętym na czoło ma uczciwe, jasne spojrzenie. I chociaż zwykle nigdy nie zgadzam się na takie propozycje, nie zatrzymuję się i nawet nie rozpoczynam rozmowy z osobami zaczepiającymi mnie na ulicy, tym razem mówię:

– Dobrze!

Jest naprawdę bardzo zimno. A ja jestem naprawdę bardzo zmęczona i głodna po nieprzespanej nocy w huczącym pociągu, który szarpał się i podskakiwał na torach jakby chciał się z nich urwać i odfrunąć w dal.

– Pozwól mi torbę – wyciąga rękę, a ja oddaję mu bagaż.

Perony w Indiach są bardzo długie. A po przyjeździe pociągu są wypełnione tysiącami ludzi zaaferowanych swoimi rodzinami, pakunkami i torbami na kółkach. Każdy chce już dotrzeć dokądkolwiek zmierza, rozpakować się, napić słodkiej herbaty z mlekiem i zająć codziennymi sprawami.

Idziemy przez zatłoczony peron. Gdyby chciał, mógłby uciec z moim bagażem. Ale po co? Przecież w życiu nie chodzi o to, żeby wykorzystać drugiego człowieka, tylko żeby mu pomóc, prawda?

Doszliśmy w końcu do dworca, przecisnęliśmy się przez następne tysiące ludzi oczekujących na swoje (najprawdopodobniej spóźnione) pociągi. Zatrzymaliśmy się na ulicy.

– *Wait here* – mówi mój uczciwy gość. – Poczekaj tutaj. Na motorikszę.

I odchodzi.

Czekam. Stoję na krawężniku zupełnie sama, w nieznanym mieście, daleko od domu. I uśmiecham się pod szalem, bo dobrze mi z tym.

Dojechać do hotelu
nad Gangesem
i zjeść
gorący obiad!

Wiem, że za chwilę wróci pan o uczciwym spojrzeniu i zawiezie mnie dokądś. Nie wiem wprawdzie dokąd, ale jestem dobrej myśli.

A jeśli nie wróci? No to mniejsza z nim. Znajdę inną taksówkę.

Ale wraca. Nie sam. Z kierowcą motorikszy.

To taki mały, bardzo hałaśliwy pojazd skonstruowany na bazie motocykla z budką dla pasażerów.

Wsiadam. Panowie ładują na siedzenie moją torbę podróżną, wciskam się obok niej i ruszamy przez absolutnie szalone ulice, gdzie każdy jedzie na wcisk, na czerwonym świetle, z prądem i pod prąd. I myślę sobie ostatnim żywym pęczkiem racjonalnych myśli, że znów wszystko jest możliwe.

Jest ich dwóch, ja jedna. Oni znają miasto, ja nigdy tu wcześniej nie byłam. Mam przy sobie cały podróżny dobytek, wszystkie pieniądze i dokumenty. Łatwy łup.

Są krowy na ulicach!!!! To są takie Indie, jakie pamiętam! Totalny chaos na drodze. Krowy, taksówki, kozy, ciężarówki, autobusy wyrzucające z siebie kłęby czarnego dymu, rowerzyści i motoriksze usiłujące mały wzrost nadrobić bezczelnością we wciskaniu się w każdy wolny centymetr jezdni. Wymijają się z samochodami o centymetry. Wrzeszczą jazgotliwymi klaksonami. I prą uparcie naprzód jak krety w ciasnym podziemnym korytarzu.

Jedziemy. Przez godzinę. Po coraz mniejszych i mniejszych uliczkach. Aż nagle kierowca skręca w wąski zaułek, potem w następny, aż wreszcie staje.

Przed hotelem, który nazywa się Elvis!!!

Jakieś pytania? ☺

ROZDZIAŁ 23

W hotelu Elvis

Wszyscy uczciwi ludzie mogą przyłączyć się do naszego kursu medytacji. Pierwszym krokiem jest powstrzymanie się od zabijania, kradzieży, aktywności seksualnej, mówienia nieprawdy oraz środków zmieniających świadomość. Ten prosty kodeks moralny pomaga wyciszyć umysł, który w przeciwnym razie byłby zbyt pobudzony, żeby być w stanie podołać zadaniu autoobserwacji.

Ha! Wiedziałam o tym! Czułam to przez skórę. Sama zauważyłam to już dawno temu. Umysł funkcjonuje zupełnie inaczej w zależności od tego co jesz, co pijesz, czego słuchasz i co oglądasz.

W naszej zachodniej cywilizacji ludzie skupiają się tym, żeby nieustannie poszukiwać powierzchownych bodźców, które zajmują ich uwagę, nie dostarczając niczego istotnego. Mówi się nawet, że telewizja to śmieciowe pożywienie dla umysłu. Patrzysz, słuchasz, ale tak naprawdę nie widzisz i nie słyszysz, bo to, co wpada do twojej głowy, jest mierne, miałkie, nie wymaga koncentracji ani wysiłku. Ma ciebie tylko sztucznie pobudzać i dostarczać pozoru informacji.

Zrozumiałam to kiedy przestałam oglądać telewizję, zaczęłam zdrowo się odżywiać i prowadzić zdrowy tryb życia. Mój umysł odżył! Zaczęłam myśleć, rozumieć, wyciągać wnioski. Czułam się tak, jakbym się budziła z długiego zimowego snu! Przestałam pić alkohol, odrzuciłam przetworzone sklepowe jedzenie z dodatkiem chemii.

Im bardziej czyste było moje ciało, tym jaśniejszy stawał się mój umysł. Uwielbiam ten stan!

A teraz po raz pierwszy widzę, że ktoś myśli tak jak ja i ogłasza to publicznie jako jeden z warunków przystąpienia do wybranej przeze mnie medytacji. Cudownie! Tak, nie miałam już żadnych wątpliwości, że to jest miejsce dla mnie i że tego właśnie chcę!

Moje podanie zostało przyjęte następnego dnia. Tuż przed wyjazdem z Kalkuty odebrałam maila z potwierdzeniem, że kurs medytacji rozpoczyna się za trzy dni i że będzie tam miejsce dla mnie. Ach, jaka byłam szczęśliwa! Nagle wszystko znów nabrało sensu.

To prawda, chciałam jechać do Bangladeszu, ale życie zatrzymało mnie w Kalkucie i samo podsunęło to niezwykłe rozwiązanie. Dziesięć dni zajmowania się swoim umysłem w całkowitym milczeniu, w tropikalnym ogrodzie pełnym harmonii świata przyrody. Wśród mądrych, oświeconych ludzi! Nie mogłam się doczekać!

Na razie siedziałam na dachu hotelu Elvis nad filiżanką gorącej kawy. I było mi bosko! Nareszcie!

Bo wczoraj było mi tak zimno! Dygotałam przez całą noc w pociągu, rano i przez cały pierwszy dzień w Varanasi. Myślałam, że po prostu jest tak potwornie zimno na dworze i z niedowierzaniem patrzyłam na ludzi chodzących boso w klapkach albo w jednej koszuli od niechcenia przepasanej szalikiem.

Dygotałam pod prysznicem, który nie był wystarczająco gorący. Potem położyłam się spać i dygotałam w śpiworze, ubrana w dwie pary spodni, dwie bluzy, w puchowej kurtce z kapturem na głowie i pod grubym kocem! I wtedy dopiero tknęła mnie taka dziwna myśl, że to przenikliwe zimno wcale nie ogarnia mnie z zewnątrz, ale pochodzi wprost z moich kości. Z mojego wnętrza. I wtedy zrozumiałam, że chyba jestem trochę chora i mam gorączkę.

Zwinęłam się w kłębek. W ubraniu, w śpiworze, pod kocem. Była szósta po południu. Żałowałam, że nie mogę moich zimnych stóp przyłożyć do ust i rozgrzać oddechem, więc tylko zwinęłam się ciasno w sobie i zapadłam w ciemność.

Przebudziłam się na chwilę w środku nocy. Na korytarzu głośno chichotały dziewczyny. Wołały do siebie takimi głosami jak ktoś, kto wybiera się na prywatkę i ma nadzieję, że spotka fajnego chłopaka. Zwinęłam się w ciaśniejszy kłębek i zasnęłam.

Obudziłam się o szóstej rano. Ciepła, rozgrzana, szczęśliwa. Tak mi było dobrze w ciepłym łóżku! Trochę spałam, trochę leżałam zawinięta w śpiwór i cieszyłam się tym, że jestem już zdrowa i nie mam dreszczy. Potem wstałam, wzięłam prysznic i była dziesiąta rano.

Poszłam na dach. Usiadłam przy stoliku. Moje serce śpiewało z radości. Zamówiłam kawę bez mleka i bez cukru, hurra!!!

Na dachu często robi się restauracje, szczególnie w hotelach. To ma swój urok w tropikalne poranki i wieczory, kiedy twoją skórę muska delikatnie ciepły wiatr. Ale wyobraź sobie chłodną porę roku, dziesięć stopni na dworze, a ty siedzisz nad talerzem ryżu, który wystygł tak szybko, że smakuje identycznie jak widelec, którym podnosisz go do ust.

Ale tamtego poranka było ciepło. Zamówiłam ryż z soczewicą na śniadanie i czekając aż kucharz się z nimi upora, wypiłam dwie szklanki gorącej wody. Siedziałam, uśmiechałam się do błękitnego nieba i myślałam, że jest mi bosko. Po prostu.

Zawsze zdarza się taki dzień, kiedy wali się na ciebie sufit życia i jest ciężko. To taka próba od losu, żeby sprawdzić co pomyślisz, jak się zachowasz, ile przetrwasz i jak przetrwasz, w jakim stanie ducha.

Ja przetrwałam. Choć było ciężko. Świat wydaje się obcy, a życie nie do zniesienia kiedy jesteś chory, wstrząsany dreszczami, kiedy cię mdli, masz biegunkę i brak ci sił. Jesteś wtedy osłabiony i smutny, nie możesz być sobą. Chylisz się do ziemi pod naporem czegoś, co wydaje się zbyt ciężkie do udźwignięcia. Ale jednak próbujesz. Bo nawet kiedy jesteś bardzo słaby, wciąż masz w sobie zapas nieprawdopodobnej siły.

Ach, jaka to ulga, że znów czuję się sobą!
Jak mi dobrze!!! Ciepło! Zdrowo!!!

Jem gorący ryż z soczewicą na śniadanie i myślę sobie, że życie jest piękne!

ROZDZIAŁ 24

Varanasi

Zupełnie się tego nie spodziewałam.

Widziałam różne miejsca na świecie. Niektóre tak piękne, że człowiek miał ochotę paść na kolana i dziękować Bogu za to, że jest. Inne tak skromnie ubogie i niepozorne, a jednocześnie pełne przedziwnej, tajemnej, duchowej siły, że były jak żywa modlitwa. Jeszcze inne tak kolorowe, egzotyczne i porywające, że serce tańczyło z radości.

Byłam wcześniej w Azji wiele razy. Podróżowałam wcześniej po różnych częściach Indii. I w ogóle nie spodziewałam się tego, że niespodziewanie znajdę tam jedno z najbardziej zadziwiających miejsc na Ziemi.

Naprawdę.

Jedno z takich miejsc, które przenikają cię na wskroś, chwytają za gardło aż tak, że tracisz oddech. Musisz stanąć, zatrzymać się, puścić wszystkie myśli i poddać mu się całkowicie jak wśród fal nieoczekiwanego oceanu. On cię porywa i unosi, a ty myślisz, że śnisz. I płyniesz dalej niesiony przez potężne fale zachwytu pomieszanego z pokorą. A twoje życie nigdy już potem nie będzie takie samo jak było przedtem.

I tak jest właśnie w Varanasi nad brzegiem Gangesu.

To nie przypadek, że akurat tutaj powstało to miasto. Jest jednym z najstarszych nieprzerwanie zamieszkałych miast na świecie. Jest najświętszym z siedmiu świętych miast hinduizmu i dżinizmu. Jest duchową stolicą Indii i miastem podobno ulubionym przez boga Sziwę. Na jego przedmieściach po raz pierwszy do swoich wyznawców postanowił przemówić Budda.

Ale Varanasi to też uniwersytety, tkalnie jedwabiu, stadion i fabryka lokomotyw.

Bo tak naprawdę to są dwa miasta. Tak samo jak dwoistą naturę ma owoc. Jedna to jego zewnętrzna część – skórka, zapach, kształt, ogonek. O takich jabłkach mówi się, że są „produkowane", eksportowane, pakowane w skrzynki. Ale to przecież coś zupełnie innego niż prawdziwe, pachnące, czerwone jabłko w twojej dłoni. Czujesz jego prawdziwą obecność dopiero wtedy kiedy je ugryziesz, kiedy dotkniesz je językiem i zaczniesz czuć jego smaki. Dopiero wtedy wiesz czym to jabłko jest naprawdę, bo staje się ono twoim osobistym doświadczeniem.

Tak samo jest w Varanasi.

Na zewnątrz – to hałaśliwe miasto zbudowane z betonu i poprzecinane asfaltowymi ulicami, po których nieustannie przewalają się rozpędzone potoki ryczących pojazdów. Jest ciągły huk, gwar, jazgot

Niektóre miejsca są
tak piękne, że
mam ochotę
paść na kolana
i dziękować Bogu
za to, że jest

klaksonów, silników i rozpaczliwie wyjących rur wydechowych. Szare ulice, hałdy śmieci, krowie placki i ten nieustający zgiełk samochodów, motocykli i riksz, które zdają się śpieszyć, żeby zdążyć przed końcem świata.

Pomiędzy nimi na chodnikach jak niewzruszenie spokojne drzewa wyrastają sprzedawcy placków i owoców. Stoją nieruchomo przy swoich wózkach, bo wiedzą, że ci wszyscy ludzie śpieszący się dookoła czasami muszą się zatrzymać, wypić czarkę herbaty i coś zjeść.

Tutaj w sklepach piętrzą się kolorowe bluzki z taniej bawełny, talerze plastikowe i zabawki dla dzieci. Na wystawach manekiny prężą się w złocistych sari. Świat kręci się wokół kupowania, wydawania, gromadzenia, posiadania, podkreślania swojej obecności.

Ale przejdź trochę dalej. Przez wąskie uliczki, w których nie zmieści się żadne auto. Czasem z trudem przeciska się przez nie uparta riksza. O mur opiera się biała krowa. Musisz uważnie stawiać kroki, bo na ziemi leżą krowie i psie odchody.

Przejdź obok ścian wysokich kamiennych domów, na których ludzie ręcznie pędzlami namalowali kolorowe symbole i obrazki. Zaułki będą coraz mniejsze, bardziej ciche i spokojne. Aż wreszcie zabraknie domów dookoła, a ty staniesz nad brzegiem rzeki.

I pewnie zrobisz to, co ja. Bo widok jest tak oszałamiający, że po prostu nie można iść dalej.

Usiadłam na kamiennych schodach i siedziałam. Zbyt poruszona, żeby zająć się czymkolwiek innym oprócz siedzenia, oddychania i patrzenia szeroko otwartymi oczami.

Wyobraź sobie.

Galeria multimedialna: zeskanuj zdjęcie i zobacz jak wyglądał mój hotel Elvis i pierwszy dzień na ghatach w Varanasi.

Miasto stoi na skarpie. Tam zbudowano budynki, drogi i bramy. Potem wysoki brzeg nagle się urywa. W dole płynie ogromna rzeka. A pomiędzy nimi ciągną się schody.

Szerokie, kamienne, długie schody. Ciche, szare, otulone odwiecznym spokojem, przykryte ciszą. Poplamione życiem. Biegnące aż do wody.

W dole ktoś rozłożył na nich bieliznę do wysuszenia i długi, kolorowy szal.

Na wodzie nieruchomo drzemią drewniane łódki. Wyglądają jak stado ptaków, które zatrzymały się w bezpiecznej przystani, gotowe odfrunąć dalej.

Niebo jest błękitnosine, rzeka jest sinobłękitna, splecione razem na horyzoncie, czule wspierające się nawzajem w leniwym trwaniu.

I nie ma nic więcej.

Nie ma życia i nie ma śmierci. Nie ma czasu, nie ma pośpiechu, nie istnieje nic poza najspokojniejszym trwaniem, które płynie tak samo lekko i od niechcenia jak woda w rzece.

Nie ma pieniędzy, nie ma reklam, nie ma sklepów ani obowiązków. Nie ma pracy, nie ma biura, nie ma szefów i podwładnych. Nie ma lepszych, nie ma gorszych, nie ma ambicji, dumy i wojny. Nie ma strachu, nie ma palącej potrzeby ani dotkliwego pragnienia.

Jest tylko moment zawieszony w przestrzeni, który unosi ciebie jak szklana bańka. Bezpieczna, lekka, swobodna i wolna. Bez granic. Od wieczności po wieczność. Bez słów, bez myśli, bez oceniania i zastanawiania się czego pragniesz i co czujesz w tej chwili. Po prostu jesteś.

ROZDZIAŁ 25

Życie i śmierć nad Gangesem

Usiadłam nad brzegiem Gangesu i siedziałam. Nie wiem jak długo. Zapomniałam o całym świecie. Niczego nie chciałam, o niczym nie myślałam, tylko patrzyłam. A może nawet nie patrzyłam, sama już nie wiem.

W końcu ocknęłam się, zamrugałam. I pomyślałam, że jestem w jednym z najbardziej niezwykłych miejsc na świecie.

Szerokie kamienne schody, drewniane łódki, krowy, psy i ludzie.

Dzieci w podartych ubrankach i boso, ale radośnie rozbawione w ślizgawkę na pochyłym skraju schodów. Dużo przy tym śmiechu i dokazywania. Starsza dziewczynka opiekuje się małymi chłopcami. Kiedy któryś zaczyna płakać, bierze go na ręce, ociera łzy i robi to z uśmiechem, w najbardziej naturalny sposób.

Wyszło słońce.

Krowy leżą nad brzegiem rzeki.

Mały chłopiec podszedł do mnie i powiedział:

– *Hello. Chocolate?*

– Nie mam – odpowiedziałam po polsku, a on nie pytał więcej.

W mieście co chwilę ktoś mnie zaczepiał. Kierowcy riksz, sprzedawcy i co odważniejsi chłopcy, którzy chcieli być moimi przewodnikami.

– Dziękuję, nie – odpowiadałam cierpliwie.

– Mój brat ma sklep! – namawiał jeden z nich. – Ma wszystko najtaniej!

– Nie wierzę – uśmiechnęłam się do niego.

A on na to:

– Jestem muzułmaninem! Jeżeli wierzysz w jedno moje słowo, możesz uwierzyć we wszystkie!

Ale tutaj na nic takiego się nie dzieje.

Nikt nikogo nie zaczepia, nie sprzedaje, nie namawia.

Oto jestem na słynnych ghatach w Varanasi. Ghaty to właśnie te szerokie, wielkie kamienne schody, ciągnące się kilometrami wzdłuż rzeki. Otwarte dla wszystkich. Kozy, krowy, psy, dzieci, dorośli i zmarli. Wszyscy znajdą tu dla siebie miejsce.

Niektórzy mówią, że Ganga to łagodna bogini w białej koronie, trzymająca w dłoniach dzbanek z wodą i kwiat lotosu.

Dla innych Ganga lub Ganges jako rzeka jest wcieleniem boskości. Opromienia swoją mocą ziemię, przez którą płynie. Dotknięcie choćby

Jestem muzułmaninem!

Jeśli uwierzysz
w jedno moje słowo,
możesz uwierzyć
we wszystkie

kropli jej wody obmywa człowieka z grzechów, a zanurzenie się w jej falach jest równoznaczne z otrzymaniem błogosławieństwa.

Są tacy, którzy przybywają do Varanasi z bardzo daleka, żeby tu umrzeć. Mają wtedy pewność, że ich ciała zostaną położone na kamiennych schodach nad Gangesem, obmyte w jego świętej wodzie, spalone na specjalnym stosie, a potem jako popiół połączą się z jego świętymi wodami na wieki. Ganges uwalnia duszę. Daje jej to wszystko, czego potrzebuje, żeby doznać bezkresnego spokoju i radości, a czego tu na Ziemi musiałaby szukać jeszcze przez wiele pokoleń, wracając pod postacią innych ludzi.

– Tak, to rzeczywiście byłoby takie proste – pomyślałam. – Gdyby nie jeden drobny fakt.

Przy każdym wejściu prowadzącym na ghaty stały budki obwieszone białymi, plastikowymi pojemnikami we wszystkich możliwych rozmiarach. Od buteleczek jak do perfum aż po kilkulitrowe kontenery. To dla tych, którzy przyjechali z daleka i chcą zabrać trochę świętej wody z Gangesu dla rodziny i przyjaciół.

Wystarczyłoby więc dostarczyć choćby najmniejszą ilość wody z Gangesu do wszystkich ludzi w Indiach, żeby oczyścić ich dusze. A potem zapewne wystarczyłoby tej wody, żeby podać ją dalej, do mieszkańców innych krajów.

Jedyny problem jest w tym, żeby ten stan dobra i czystości utrzymać.

Bo właściwie każdy z nas w każdej chwili i bez świętej kropli indyjskiej rzeki może rozpocząć życie oparte wyłącznie na czynieniu dobra, uczciwości, pozytywnym myśleniu i życzliwości wobec wszystkich istot. Prawda?

Galeria multimedialna: zeskanuj zdjęcie i zobacz jak wędrowałam po ghatach w Varanasi.

Każdy człowiek może i być może nawet chciałby to zrobić, ale na przeszkodzie stają jego własne emocje, które porywają go w stronę zazdrości, urażonej ambicji, agresji wynikającej z poczucia niższości i odrzucenia, gniewu z bezradności i podobnych, które pchają go do czynienia zła. Do wyrządzania ludziom przykrości, tracenia panowania nad sobą, oskarżania, wywyższania się, pogardy, niesprawiedliwości, kradzieży, oszustwa.

Można się więc łatwo oczyścić z grzechów myjąc ciało wodą z Gangesu, ale co potem?...

Potem wracasz do swojego wewnętrznego chaosu, który pcha cię z powrotem do krzywdzących emocji, które podżegają cię do zła.

No, chyba że trafisz w objęcia świętej rzeki w takim momencie, kiedy już na pewno nagrzeszyć nie zdołasz, czyli w momencie śmierci.

Galeria multimedialna: zeskanuj zdjęcie i zobacz stosy drewna do palenia ciał na ghatach.

Wtedy jako absolutnie czysta, wolna od zła dusza powędrujesz od razu do krainy wiecznego szczęścia.

Niektórym to się pewnie udaje. Wielu próbuje.

Zatrzymałam się.

W Varanasi nad Gangesem są trzy miejsca do palenia zwłok. Ja stałam właśnie przy pierwszym.

Stos drewna nad wodą, żeby go nie zabrakło. Trzy ciała. Jedno obmywane w wodzie na brzegu, zawinięte w kolorowe tkaniny i ubrane w girlandy z pomarańczowych kwiatów. Drugie, też zakryte, leży na noszach.

Trzecie płonie w ogniu. Najpierw widziałam tylko zwęglone kawałki drewna. Potem do stosu podszedł mężczyzna w różowej koszuli.

Wtedy nagle zobaczyłam dwie ludzkie ręce i kawałek nogi ze spęczniałą z gorąca stopą. Mężczyzna kijem przewracał je i wrzucał głębiej do ognia.

W ciszy było słychać jak poruszają się płomienie. Syczy żywica. Szeleści ogień.

Pachniało dymem, kwiatami i delikatną, słodkawą wonią śmierci.

To nie był rytuał. Nie było łez, rozpaczania ani ludzi przygniecionych ciężarem myśli, z którymi nie są w stanie się pogodzić – że ktoś odszedł na zawsze.

Nie było ceremonii. Żadnych kadzideł, dzwonów, rozrzucania kwiatów ani modlitw.

Była tylko spokojna rzeka, która płynie przed siebie zawsze i mimo wszystko. Były ciała zmarłych przyniesionych na prostych noszach z dwóch bambusowych tyczek i kawałka bawełny. Były stosy drewna gotowego do tego, żeby spłonąć wraz z ciałami, które zostaną na nich umieszczone.

Ale to wszystko odbywało się w prosty, zwyczajny sposób. Tak codzienny, jak sprzedawanie hot dogów z musztardą z budki na ulicy Nowego Jorku. Albo tak normalny, jak czekanie na przystanku na tramwaj.

Nie było rozpaczy. Nie było krzyków, że to niemożliwe, że tego nie zniosę, że za bardzo cierpię. Bo najbardziej cierpi ten, kto nie chce się pogodzić z tym, że nie ma kontroli. Że zostało mu odebrane coś, do czego zdążył się przyzwyczaić, co uznał za swoje, co w pewien sposób zawłaszczył z domeny spraw należących do Boga.

Tutaj pogrzeb odbywał się publicznie. Każdy mógł podejść i patrzeć. Ciało kładziono najpierw na ziemi, potem wnoszono do rzeki. Obmywano. Potem zdejmowano z niego ziemskie ozdoby – błyszczące złote szarfy, żywe kwiaty, okrycia. Kładziono je na czystym, nowym stosie ze specjalnie przygotowanego drewna. Podkładano ogień.

Wszyscy byli spokojni. Naturalni. Tak jakby wiedzieli o tym, że śmierć nie jest czymś nadzwyczajnie niezwykłym. Jest przecież po prostu częścią życia. Zawsze tak było i pewnie zawsze tak będzie. A może zmieni się dopiero wtedy, kiedy ludzie przestaną przywiązywać się tak bardzo do tego, co mają tu na ziemi i pogodzą się w głębi duszy także z tym, że przyjdzie moment, kiedy trzeba odejść. I jakkolwiek bardzo będziesz protestował, krzyczał i błagał, nic tego nie zmieni.

Oni o tym wiedzieli.

Być może nie tak, żeby wyjaśnić to słowami, ale czuli to sercem.

Dlatego byli spokojni. Prawie pogodni w tym spokoju w obliczu śmierci.

Nie wolno fotografować. Wolno patrzeć.

Ale w pewnej chwili do dwóch turystek stojących niedaleko ode mnie podszedł białowłosy pan z zębami czerwonymi od betelu.

– *Madame*[18] – powiedział łagodnie i z uśmiechem. – Nie możesz tu stać tak długo. Możesz przyjść i patrzeć przez pięć, dziesięć minut, ale nie możesz stać tak długo. *Here only family. Here respect.*[19]

---

[18] *Madame* – (franc.) pani. Powszechnie używane w krajach angielskojęzycznych dla wyrażenia szacunku. W Indiach tak zwraca się do wszystkich obcych kobiet.

[19] *Here only family. Here respect* – (ang.) Tutaj tylko rodzina. Tutaj szacunek.

ROZDZIAŁ 26

Uczciwa cena

I tak nadszedł poniedziałek.

Rano obudziła mnie muzyka. Japończyk w pokoju na pierwszym piętrze znów grał na tabli[20].

A więc to dzisiaj!!! Wstałam w świątecznym nastroju. Dzisiaj wyruszę w najbardziej niezwykłą przygodę! Zamknę się na dziesięć dni medytacji, całkowitego milczenia i poszukiwania prawdy o sobie. Oczyszczę umysł. Być może odkryję coś, z czego nie zdawałam sobie sprawy. Może zrozumiem coś bardzo ważnego. Być może kiedy tu wrócę za dziesięć dni, będę zupełnie innym człowiekiem!

[20] Tabla – indyjski instrument perkusyjny, dwa bębenki o bardzo charakterystycznym, giętkim, przestrzennym brzmieniu.

Był ciepły, słoneczny dzień. W restauracji na dachu zjadłam ryż z soczewicą na śniadanie. Spakowałam się. Kiedy zeszłam na dół, riksza już czekała.

– Ile? – zapytałam w recepcji.

– Pięćset rupii.

– Tak dużo? – zmarszczyłam czoło. – Z dworca zapłaciłam siedemdziesiąt.

– Zapłaciłaś siedemdziesiąt, bo rikszarz dostał od nas *tip*[21]. Normalnie gdybym ja chciał teraz pojechać stąd na dworzec kolejowy, to musiałbym zapłacić 150 rupii. Ale rikszarz dostaje *tip* za to, że przywozi cię do nas i dlatego jest taniej.

Zmrużyłam oczy. Trochę to pokrętnie brzmiało, bo przecież hotel nie dopłaca do swojego interesu. Wszystkie napiwki i tak zawsze zaczynają się w portfelu turysty albo podróżnika. Ale mniejsza z tym.

– Więc gdybym znalazła tu teraz innego rikszarza, to on też chciałby pięćset rupii za tę trasę?

– Oczywiście.

– Więc to jest uczciwa cena? – nacisnęłam jeszcze raz.

– Tak – odrzekł pan na recepcji, patrząc mi prosto w oczy.

– Dobrze – odrzekłam. – Jeżeli twierdzisz, że to jest uczciwa cena, to zapłacę.

– Masz wizytówkę hotelu?

– Mam.

---

[21] *Tip* – (ang.) napiwek. W Indiach tego słowa używa się też do określenia części zysku, jaki dostaje pośrednik w transakcjach wiązanych.

Jak mogłabym zapomnieć. Hotel Elvis!

– Jeśli chciałabyś tu wrócić, to zadzwoń, przyślę po ciebie samochód. Za dwieście rupii.

Aż się zatrzymałam. Przed chwilą recepcjonista upierał się, że pięćset rupii to jedyna obowiązująca cena na tej trasie, a teraz sam proponuje mi przejazd za ponad połowę mniej?... Czy to nie jest jeden z najbardziej zadziwiających krajów na świecie?

– Skąd ta różnica? – zapytałam.

– Jeżeli wrócisz do tego hotelu, to ja ci wynajmę pokój. Tak tutaj działa biznes.

– Dziękuję – odrzekłam trochę skołowana. – Może wrócę.

I nie wiedziałam nawet, że to „może" wcale nie będzie już zależało ode mnie.

Wsiadłam do rikszy i odjechałam.

ROZDZIAŁ 27

Księgi i ankiety

Przejechaliśmy przez całe miasto. Przez łoskotliwe ulice pełne ludzi śpieszących się do swoich spraw, obok manekinów w czerwonych sari i sklepów wabiących klientów towarami rozłożonymi wprost na chodniku.

Gwar stawał się coraz bardziej cichy, a świat coraz spokojniejszy i bardziej uporządkowany. Miasto się skończyło. Zaczęła się wioska. Krowie placki suszące się na słońcu, drzewa, chaty ulepione z gliny, mężczyźni z czarkami herbaty w rękach, trochę zamyśleni, jakby nieobecni.

Riksza zatrzymała się na skraju ryżowego pola. Przy żelaznej bramie w wysokim murze.

– To tutaj? – zapytałam.

Rikszarz skinął głową. Podałam mu pieniądze. Miał dziwną minę. Może zastanawiał się co jest za tą żelazną bramą i co się tam dzieje. A może wiedział?...

Zastukałam. Odpowiedziała mi cisza.

Pchnęłam ostrożnie bramę i weszłam do środka.

Zobaczyłam placyk w słońcu, dwa stoliki i krzesła.

– *Your name?*[22] – usłyszałam nagle rozkazującym głosem.

Obok mnie stał karzeł z wąsami, ubrany w spodnie, koszulę i wełnianą kamizelkę. Miał nie więcej niż metr wzrostu.

– *Your name?* – powtórzył.

Później odkryłam, że to były jedyne dwa słowa, które potrafił powiedzieć po angielsku.

– Beata Pawlikowska – odpowiedziałam posłusznie.

Zmarszczył czoło, postukał długopisem w tekturową podkładkę i przysunął sobie do oczu kartkę papieru, na której coś było napisane.

– Dostałam potwierdzenie, że jestem przyjęta na kurs medytacji – dodałam. – Czy może pan wie co mam teraz zrobić?

Ale karła już nie było. Odwrócił się i odszedł.

Przy stoliku w cieniu siedział Chińczyk w niebieskiej kurtce i żarłocznie pochłaniał tabliczkę czekolady.

– Jem teraz – uśmiechnął się brązowymi zębami – bo potem już nie będzie wolno. Chcesz?

– Nie, dziękuję. Ty też zapisałeś się na kurs?

– Tak, tak – mlasnął. – Pierwszy raz w życiu!

– Czyli nie wiesz jak tu będzie?

[22] *Your name?* – (ang.) dosłownie: Twoje nazwisko? W tym kontekście raczej przetłumaczyłabym to jako suche żądanie: – Nazwisko?

– Nic nie wiem! Ale jestem gotowy na wielkie wyzwanie! Wszyscy mówią, że to bardzo trudne!

– Tak? Dlaczego?

– Nie wolno nic mówić przez dziesięć dni. I nie wolno nic jeść po dwunastej w południe. Na pewno nie chcesz? – wyciągnął do mnie batonik.

– Nie, dziękuję.

– Nie boisz się?

– Nie. Jestem raczej ciekawa.

– A wpisałaś się już do księgi?

Wpisałam się do księgi. Potem do drugiej, równie dużej i wiekowej. I do trzeciej, którą podsunął mi starszy pan cały ubrany na biało. Myślałam, że to jeden z prowadzących kurs, ale potem zobaczyłam jak podchodzi do niego karzeł z podkładką na dokumenty i zadaje sakramentalne pytanie:

– *Your name?*

Szuka czegoś w pliku kartek, a potem odchodzi.

Pojawiali się następni. Wchodzili na placyk przez uchyloną bramę. Wysoki, szczupły blondyn mówiący z amerykańskim akcentem. Dziewczyna w swetrze w norweskie wzory. Albinoska o białych brwiach i rzęsach, o długich włosach ufarbowanych na rudo. Potężna, rozkołysana w swoich pulchnościach Hinduska, która wyglądała tak, jakby przed chwilą odstawiła od piersi kilkoro dzieci. Kilku niepozornych, skromnych Hindusów w szarych spodniach i koszulach. Drobna, nieśmiała, jakby trochę przestraszona dziewczyna w spodniach, z krótko obciętymi włosami.

Riksza zatrzymała się
na skraju ryżowego
pola.

Przy żelaznej bramie
w wysokim murze

Wszyscy podchodzili do stolika z pierwszą księgą, wpisywali tam swoje imię, nazwisko, adres, kraj pochodzenia, numer paszportu i inne Ogromnie Ważne Informacje, którymi karmi się system urzędów i biurokracji.

To samo trzeba było wpisać do drugiej księgi. I do trzeciej.

Potem jeszcze należało wypełnić kartę w bloku administracyjnym odnoszącym się do pobytu turysty w „hotelu".

Nie pytałam o nic, bo nawet nie było kogo zapytać. Karzeł w wełnianej kamizelce nie odpowiadał na żadne pytania. Pojawiał się na chwilę, rzucał suchym tonem:

– *Your name?* Nazwisko?

I odchodził bez słowa, omiatając nas nieco surowym, wymagającym spojrzeniem.

Trochę byłam oszołomiona tymi rubrykami, liczbami, wpisywaniem się do kolejnych Bardzo Ważnych Ksiąg, a kiedy myślałam, że już wypełniłam wszystko, dostałam zieloną kartkę z ostatnimi, prostymi pytaniami:

Czy zgadzasz się postępować zgodnie z zaleceniami?

Tak, oczywiście.

Czy masz świadomość tego na czym polega ten kurs medytacji?

Tak, kilka razy przeczytałam wszystko, co napisaliście na swojej stronie internetowej.

Czy zgadzasz się zostać do końca i wypełnić cały kurs?
Tak, oczywiście.

Czy zgadzasz się przestrzegać Nakazu Milczenia?
Jasne.

A na drugiej stronie jeszcze kilka pytań, wśród nich takie:

Jak opisałbyś swój obecny stan umysłu?
– *Clear* – napisałam. – Jasny.

Czy miałeś kiedykolwiek poważne załamanie nerwowe?
– Nie, nigdy.

Czy pijesz alkohol lub/i zażywasz narkotyki?
– Nie piję i nie zażywam.

Takiej odpowiedzi twórca kwestionariusza chyba się nie spodziewał, bo następne pytanie brzmiało:

Ile wypiłeś/ile zażyłeś przy ostatniej okazji?
– Nie piję alkoholu – napisałam drukowanymi literami. – I nie zażywam narkotyków.

I to jest prawda. Wiem, że to brzmi dziwnie w dzisiejszym świecie. Wszyscy są zaskoczeni kiedy o tym mówię. I to wydaje mi się najbardziej zabawne, bo przecież na każdym opakowaniu jest ostrzeżenie, że alkohol szkodzi zdrowiu, że jest trucizną, że powoduje uzależnienie i może być przyczyną wielu poważnych chorób.

Najbardziej zdumiewające wydaje mi się więc to, że ludzie wciąż kupują alkohol i chcą go pić.

Bo ja po prostu sprawdziłam co naprawdę oznaczają te napisy. W jaki sposób alkohol zachowuje się wewnątrz ludzkiego organizmu, w jaki sposób szkodzi, co konkretnie robi i w jaki sposób. Zrozumiałam to, co czytam. I zrobiłam jedyną racjonalną, logiczną rzecz – natychmiast przestałam go pić.

A najdziwniejsze wydaje mi się to, że ludzie są zdziwieni tym, że ja jako jedyna przestałam pić uzależniającą truciznę, która mi szkodzi.

Dlaczego to was dziwi?...

Czy nie jest dziwniejsze to, że wy – wiedząc, że to jest uzależniająca trucizna wywołująca choroby – wciąż ją pijecie?...

Ostatnie pytanie w zielonym kwestionariuszu:

– *Czy chciałbyś coś dodać?*

– Nie, dziękuję.

Data i podpis.

ROZDZIAŁ 28

Tylko dla uczciwych ludzi

– Nazwisko? – rzucał od czasu do czasu karzeł groźnym głosem. Potem pochylał się nad kartkami, milczał ze zmarszczonymi brwiami i nie odpowiadał na żadne pytania.

Przy środkowym stoliku usiadł stuletni staruszek w długich szarych szatach. Ciężko kaszlał, zakrywając usta sękatą dłonią. On też miał przed sobą plik dokumentów.

– A więc karzeł i stuletni staruszek? – pomyślałam. – To oni trzymają wartę przy drzwiach oczyszczenia umysłu?

Czas mijał. Czekaliśmy, wpisywaliśmy się do kolejnych ksiąg i ankiet, rozmawialiśmy – bo jeszcze zerowego dnia rozmowa była dozwolona. Aż nagle pojawił się gość w futrzanych nausznikach i zawołał:

– Oddajemy do depozytu wszystkie wartościowe przedmioty! Wszystkie książki, laptopy, telefony komórkowe, pieniądze, paszporty, aparaty fotograficzne, wszystko!

Popatrzyliśmy na siebie z wahaniem. Wartownik wyczuł chyba naszą niepewność, bo dodał:

– To dla waszego bezpieczeństwa! Żebyście mogli w pełni skoncentrować się na pracy z umysłem! Nie chcecie chyba martwić się o to, co zostawiliście w pokojach, prawda?

– No, właściwie...

– Wszystko oddajemy do depozytu! Dzięki temu będziecie mogli się w pełni skoncentrować na tym, po co tu przyjechaliście i odnieść z tego największe korzyści. Książki do depozytu, czytanie jest zabronione! Laptopy i telefony! Wszystkie wartościowe przedmioty!

No, właściwie... To jest przecież kurs dla uczciwych ludzi, prawda? Włożyłam do podręcznego plecaka książki, tablet, aparat fotograficzny, telefon, paszport, pieniądze. Wszystko.

– Książki oddałaś? – zapytał Hindus w nausznikach.

– Tak.

– Komputer?

– Też.

– Paszport?

– Tak, jest w środku.

– Nie masz kłódki? – zmarszczył czoło.

– Niestety nie.

No, zresztą po co mi kłódka, skoro to jest kurs tylko dla uczciwych ludzi? – pomyślałam, patrząc jak sięga po taśmę klejącą i starannie, kilkoma ciasnymi pasmami zalepia zamknięcie mojego plecaka.

Czy miałam wątpliwości? Odrobinę. Maleńkie. Takie dotknięcie w sercu i niepokojąca myśl, że to jest coś, czego podróżnik nigdy w życiu nie powinien robić i na co nigdy wcześniej się nie zgodziłam. Całe moje bezpieczeństwo zawiera się w tych kilkudziesięciu stronach paszportu, zapasie gotówki i dostępie do komunikacji. No, ale to wtedy kiedy podróżuję sama przez nieznany kraj i nie wiem co mnie może spotkać. A tutaj? Na kursie pracy z umysłem dla uczciwych ludzi?...

Może to tylko strach i chęć nadmiernej asekuracji podpowiadają, żeby nie rozstawać się z dokumentami? Może to przywiązanie do przedmiotów to jedna z przeszkód do osiągnięcia pełnej czystości umysłu i duszy?...

Postanowiłam zaufać.

Nie zrobiłam czegoś takiego nigdy przedtem. I gdyby ktoś mnie wcześniej w teorii zapytał jak postąpić w tej sytuacji, radziłabym raczej zostawić sobie jakieś wyjście bezpieczeństwa na wypadek nieprzewidzianych okoliczności.

Ale wtedy na tym placyku zalanym słońcem i wśród około dwudziestu innych osób, które też zgłosiły się na kurs, postanowiłam dotrzymać obietnicy złożonej w ankiecie. Miałam przecież nie kłamać i przestrzegać zasad.

Oddałam więc wszystko.

Dostałam numerek napisany flamastrem na kawałku tektury.

Przydział dwóch koców, poszewki na poduszkę i białej narzuty.

Oraz pokój numer cztery.

ROZDZIAŁ 29

Pokój numer cztery

Pokój numer cztery. Tylko gdzie on może być?

Dźwignęłam koce i moją torbę podróżną, zobaczyłam drzwi. Czy to jest numer cztery? Tu w ogóle nie ma żadnych numerów, tylko jakieś…

– Hej! Nie! Nie tutaj, nie tutaj! – wołał chłopak w nausznikach i machał rękami, jakby chciał mnie przegonić.

– Ach, przepraszam – powiedziałam grzecznie. – Mam pokój numer cztery. Gdzie to jest?

– Tam! – wyciągnął ramię w bliżej nieokreśloną dal. – *Women's quarters!*[23]

– Dziękuję bardzo – sapnęłam, bo ręka omdlewała mi od niesienia ciężkich, grubych koców.

[23] *Women's quarters* – (ang.) kwatery dla kobiet

I poszłam dalej.

Po betonowej ścieżce prowadzącej wprost do żelaznej bramy i na mały betonowy dziedziniec otoczony sznurem około dziesięciu wąskich drzwi.

Byłam tu chyba pierwsza.

Numer cztery.

Wejście było takie wąskie, że ledwie zmieściłam się z torbą.

W środku stało proste metalowe łóżko z cienkim materacem. Nad nim wisiała stara, zakurzona moskitiera. Dwie małe metalowe półki. Nie było nic więcej. Betonowa podłoga, ściany poorane przez robotników budowlanych, a potem jakby w naprędce zarzucone gipsem. Małe zakratowane okienko.

I nic więcej.

No, ale ja przecież nie potrzebuję niczego więcej, prawda? Jestem tu po to, żeby sięgnąć do głębin mojego umysłu, a nie zajmować się stanem świata zewnętrznego.

Wystarczy mi to twarde łóżko. I lepki od brudu koc. Mam mój czarny tropikalny śpiwór.

No i mam przed sobą szansę, żeby odkryć coś, do czego w inny sposób prawdopodobnie nie byłabym w stanie dotrzeć. To, co znajduje się w głębinach mojej podświadomości i co być może ma wpływ na moje myślenie, z czego nie zdaję sobie sprawy. Fascynujące. Warte niewygody i wysiłku.

Przychodziły następne dziewczyny. Kwatery były tak maleńkie, gołe i zimne, że wszyscy zrzucali w środku bagaże i czym prędzej

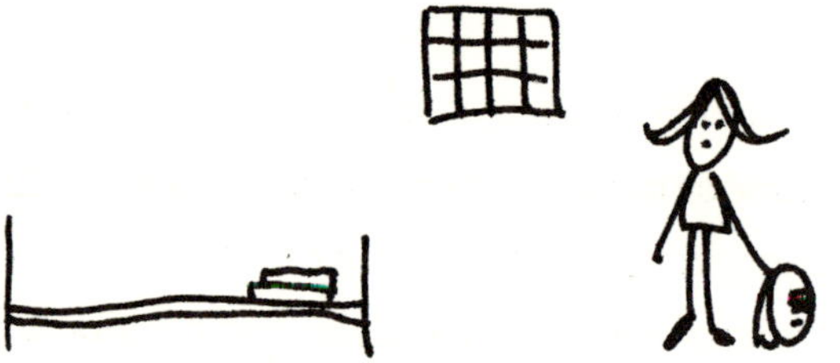

Wystarczy mi to
twarde łóżko.

I lepki od brudu
koc.

wychodzili na zewnątrz. I w końcu spotkałyśmy się na murku tuż przy żelaznej bramie.

Dziewczyna w swetrze w norweskie wzory rzeczywiście przyjechała z Norwegii. Miała krótkie włosy w kolorze słońca, które wiązała w kucyk na czubku głowy. Była chyba najmłodsza, miała około dwudziestu lat.

Przyszła też trochę nieśmiała albinoska z białymi rzęsami i brwiami. Długie włosy miała ufarbowane na rudo. Okazało się, że jest Kolumbijką, która prowadzi badania społeczne w kolumbijskich wsiach i napisała na ten temat książkę. A teraz w ogóle studiuje w Moskwie. Była wcześniej na takim kursie pracy z umysłem, i bardzo jej się podobało, dlatego postanowiła przyjechać jeszcze raz.

Ta krótkowłosa w spodniach to Mai z Izraela. Razem z chłopakiem są w rocznej podróży dookoła świata i postanowili sobie zrobić przerwę. On został w Varanasi, a ona zapisała się na kurs.

– A potem dokąd jedziecie? – zapytałam.

– Może do Sikkim – odrzekła z wahaniem. – Nie wiem jeszcze.

I domyśliłam się, że to „nie wiem" nie dotyczyło tylko kierunku podróży, ale całej przyszłości z tym chłopakiem, z którym dotychczas była związana.

Rozmawiałyśmy o tym i o owym, zaczęło się ściemniać, nadciągnął kłujący chłód. I wtedy w szarym zmierzchu zabrzmiał rozkazujący dźwięk dzwonka. Zaraz po nim pojawiła się energiczna, młoda, pulchna Hinduska, która stanowczym gestem wskazała gdzieś w dal.

Ten kategoryczny dzwonek i równie stanowcza dziewczyna z czarnymi warkoczami będą nam bez przerwy towarzyszyć podczas następnych dni, choć wtedy jeszcze o tym nie wiedziałam.

Posłusznie wstałyśmy z nadzieją na ciepłe schronienie i być może nawet – o, cudowna wizjo! – coś do jedzenia. Ja rano zjadłam tylko śniadanie. Potem przez kilka godzin czekaliśmy aż zbiorą się wszyscy i coś zacznie się dziać. Zdaje się, że to nastąpi właśnie teraz.

Wszyscy mężczyźni gdzieś znikli. No tak, tak miało być. Skoro my jesteśmy w części dla kobiet, oni zapewne są w kwaterach męskich. A potem?... To się zobaczy.

Na razie zostałyśmy zaprowadzone do jadalni. Cudowny ciepły ryż i gulasz z warzyw. Potem krótka instrukcja po angielsku, odtworzona z kasety magnetofonowej na zacinającym się sprzęcie. Przypomnienie zasad.

Nie wolno rozmawiać. Nie wolno patrzeć na innych. Nie wolno nikogo dotykać. Nie wolno nawiązywać z nikim jakiegokolwiek kontaktu – ani spojrzeniem, ani gestem, ani słowem – aby nie przeszkadzać innym w medytacji.

Dźwięk dzwonka będzie informował o rozpoczęciu medytacji. Niezwłocznie należy przyjść do Sali Medytacyjnej.

Kobietom nie wolno opuszczać strefy dla kobiet, a mężczyznom – strefy dla mężczyzn.

Nie wolno tańczyć, opalać się, wykonywać ćwiczeń gimnastycznych.

O szóstej trzydzieści rano będzie dostępna gorąca woda do mycia.

Codziennie od siódmej wieczorem będą obowiązkowe dla wszystkich wykłady z teorii.

Wszyscy muszą uczestniczyć we wszystkich medytacjach oraz wykładach.

Jeśli ktoś będzie miał pytania związane z postępem swojego kursu medytacji, może je zadać Nauczycielowi podczas przerwy między godziną 11.00 a 11.30. Pytania nie mogą dotyczyć wątpliwości związanych z wiarą, życiem lub aktualnym stanem umysłu, a jedynie z poprawną techniką wykonywania medytacji.

To wszystko na dziś. Udajcie się teraz do swoich kwater. Od tego momentu zaczyna obowiązywać całkowity zakaz mówienia oraz kontaktowania się z innymi w jakikolwiek inny sposób. Możecie odejść.

Odeszłyśmy.

Trochę sztywno i niezdarnie, starając się nie spojrzeć sobie w oczy ani nie pożegnać się uśmiechem.

Było już bardzo ciemno i zimno.

Umyłam zęby w lodowatej wodzie i wślizgnęłam się pod ciężkie koce.

Noc zadrgała jeszcze pod dźwiękiem zatrzaskującej się żelaznej kłódki na bramie zamykającej wstęp do kwatery kobiet. A potem zapadła cisza.

ROZDZIAŁ 30

Dziurka w nosie

Czwarta rano. Rozkazujący dźwięk dzwonka wbija się w łagodną ciemność nocy jak żelazny gwóźdź.

– Wstawać! Pobudka! Pobudka!

Nikt nic nie mówi, ale dzwonek krzyczy ze wszystkich sił.

Siadam na łóżku. Spuszczam stopy w skarpetkach na zimną podłogę. Czym prędzej ubieram się w kilka warstw. Łazienka jest na zewnątrz. Myję ręce, twarz i zęby w lodowatej wodzie. Lustro jest zamglone, nic nie widzę, może to i lepiej.

A tu już następny dzwonek!

Już? Tak szybko? Dopiero co była czwarta, a już jest czwarta trzydzieści?

Pośpiesznie wychodzę i zamykam za sobą drzwi.

„Zamykam" to pojęcie względne. Zbliżam do siebie dwie wąskie połowy drzwi i zamykam je na metalowy skobelek. No rzeczywiście, gdybym w mojej celi zostawiła wszystkie pieniądze, paszport, aparaty fotograficzne, mogłabym się o nie martwić. Choć z drugiej strony zdaje się, że całe centrum jest otoczone wysokim murem.

Dzwonek. Bardziej ponaglający. Przybiega wesoła Hinduska z dwoma warkoczami. Ma śmiejące się oczy i sympatyczną twarz. Ale nie teraz. Domyślam się, że jest wolontariuszką, która najęła się do pomocy. Żadna z osób prowadzących kurs, gotujących, sprzątających nie dostaje za to wynagrodzenia. Wszyscy pracują dla dobra innych. Ta wolontariuszka też i zapewne dostała wyraźnie instrukcje, że jej zadaniem jest przyprowadzenie wszystkich kobiet z żeńskiej części punktualnie na medytację.

To ona wali rano w dzwonek, rozbijając cierpliwie trwającą nad światem noc na milion ostrych kawałków. To ona w razie potrzeby zgarnia ociągających się z ciepłych łóżek. To ona biega w poszukiwaniu kogoś, kto być może za chwilę się spóźni. Czyli mnie.

Kiwa na mnie głową i macha ramieniem wskazując kierunek.

Idę przyświecając latarką. Po betonowej dróżce do zatopionego w ciemności niskiego budynku. Przed drzwiami stoi kilka par butów. Zostawiam swoje. Wchodzę do środka.

Sala Medytacji jest podzielona na dwie części. Po prawej – szerokie podwyższenie i trzy fotele ubrane w białą tkaninę, wyglądające jak trony. Naprzeciw – podłoga, na której leżą płaskie poduszki.

Trony to miejsce dla nauczycieli.

Podłoga to miejsce dla uczniów. Rozdzielona pośrodku taśmą na część męską i żeńską. Taśma jest przyklejona do podłogi, więc praktycznie nie tworzy żadnej bariery, a jednak wszyscy starannie przestrzegają tej niewidzialnej granicy.

W sali jest już około dwudziestu osób. Rzucam im zaciekawione spojrzenia. Połowa to miejscowi Hindusi. Jest ten starszy pan cały ubrany na biało i jest w pierwszym rzędzie ta potężnie zbudowana gospodyni domowa, która wygląda tak, jakby dopiero co odeszła od garnków w kuchni.

Jest blondynka Norweżka, jest ruda albinoska – tuż przede mną, jest Izraelka Mai – tuż obok mnie. Zajmuję miejsce, krzyżuję nogi, zamykam oczy.

Cisza.

Chwytam jeszcze błąkające się we mnie skrawki snu, ale nie można spać siedząc na podłodze po turecku z wyprostowanymi plecami.

Opadam więc w ciszę, milczenie, dziwny stan, w którym nawet nie chce się myśleć. I nagle słyszę kroki. Miękkie, delikatne. Do największego białego tronu zbliża się szczupła, wyprostowana Hinduska z warkoczem. Siada, krzyżuje nogi i milczy.

Zamykam z powrotem oczy. Mam przecież medytować, a nie zajmować się tym kim są i co robią pozostałe osoby na sali. Porzucić wszystkie myśli, nie martwić się o to która jest godzina, co mam do zrobienia i jak spędzę resztę dnia. Siedzieć i nie myśleć. Nie myśleć. Nie myśleć także o tym, żeby nie myśleć.

Zanurzam się w moje wewnętrzne lewitowanie.

Nie wiem jak długo trwa ani dokąd zmierzam, bo nagle z ciszy wyrywa mnie niespodziewany krzyk. A raczej śpiew, ale w pierwszej chwili brzmiał jak wołanie. Niski, męski głos śpiewał w dziwnym, niezrozumiałym języku, który brzmiał niepodobnie do hindi i bengali. Właściwie nie był to nawet śpiew, ale melodeklamacja, recytacja dziwnie beczącym głosem z zamierającymi końcówkami zdań.

Skąd ja to znałam?... Zmarszczyłam czoło. Brzmiało to dziwnie znajomo.

– Kto to śpiewa? – rozejrzałam się ukradkiem.

Nagle głos się urwał.

Zapadła cisza, a potem przemówiła Hinduska na białym tronie:

– Nazywam się pani Solanki Kula i jestem waszym Nauczycielem.

A potem pochyliła się i nacisnęła klawisz magnetofonu, z którego wypłynął ten sam męski głos, tym razem po angielsku. Mówił powoli, tak jakby każde słowo wymagało głębokiego namysłu i było wyjątkowo trudne w odbiorze:

– A teraz… rozpoczniemy medytację… Usiądź wygodnie… Wygodnie… W takiej pozycji, jaka ci najbardziej odpowiada… Niech twoje plecy… i twoja szyja… będą proste… Niech twoje oczy będą delikatnie zamknięte… Ci z was, którzy noszą okulary, powinni zdjąć okulary na czas trwania medytacji… Niech wasze usta będą delikatnie zamknięte… Skupcie całą swoją uwagę… całą swoją uwagę… na obszarze przy wejściu do dziurek w nosie…

Mimo woli uśmiechnęłam się. Siedziałam w przepisowej pozycji, zdjęłam okulary, zamknęłam oczy, pogrążyłam się w milczeniu, ale te słowa – wypowiedziane z największą powagą po angielsku z lekkim

Obserwuję prawą
dziurkę
w moim nosie.

Oraz lewą dziurkę
– zgodnie
z poleceniem
Mistrza

indyjskim akcentem i sformułowane w taki górnolotny sposób – zabrzmiały zabawnie.

– ...Na obszarze przy wejściu do dziurek w nosie... – powtórzył powoli, z naciskiem i dobitnym tonem Mistrz z magnetofonu. – *The area at the entrance of the nostrils...*

Chwila ciszy.

– I bądź świadomy... I bądź świadomy każdego oddechu... Każdego oddechu, jaki wchodzi... Jaki wchodzi w ciebie... Naturalny oddech... Normalny oddech... Bez zmian... Bez zmian... Jeśli jest długi, jest długi, jeśli jest krótki, jest krótki... Przechodzi przez lewą dziurkę w nosie, lewą dziurkę w nosie... Przechodzi przez prawą dziurkę w nosie, prawą dziurkę w nosie... Przechodzi przez obie dziurki w nosie, obie dziurki w nosie... Tylko obserwuj... Nie rób nic... Tylko obserwuj...

Cisza.

Ktoś kaszle. Ktoś pociąga nosem zatkanym przez katar. Fakt, było zimno.

Cisza.

Obserwuję dziurkę w moim nosie. I znowu się uśmiecham w ciemności, bo z medytacji wytrąca mnie myśl, że jest to właściwie sytuacja dość komiczna. Dwadzieścia osób siedzi na podłodze i myśli o swojej dziurce w nosie. Hi, hi, hi, serio, kto by pomyślał, że skromna dziurka w nosie stanie się obiektem bardzo poważnej obserwacji całej grupy ludzi, którzy zerwali się o czwartej nad ranem właśnie tylko w tym celu.

A więc obserwuję prawą dziurkę w moim nosie.

I lewą dziurkę w moim nosie.

I nie mogę się przestać uśmiechać na myśl, że to samo robią właśnie wszyscy inni dookoła mnie.

Dziurka w nosie jest bohaterem dnia. Co ja mówię, nawet nie sama dziurka, tylko „obszar przy jej wejściu". Nigdy pewnie był tak doceniony jak właśnie teraz.

– Z uwagą… – odezwał się nagle basowym głosem Mistrz. – Z uwagą…

A więc wciąż słuchamy kasety z nagraniem.

– Bacznie!... Bądź świadomy… Uważny… Baczny…

Chwila ciszy. I znów basowe, powolne, starannie wymawiane słowa:

– Przez cały czas obserwuj oddech… Wchodzący oddech… Wychodzący oddech… Wchodzący oddech… Wychodzący oddech…

Cisza.

– Utrzymuj swoją uwagę mocno przywiązaną… mocno przywiązaną do obszaru… przy wejściu do dziurek w nosie… Jak strażnik przy bramie… Jak wartownik… Świadomy każdego oddechu… jaki wchodzi do dziurek w nosie… Świadomy każdego oddechu… jaki wychodzi z dziurek w nosie… Uważny… Czujny… Baczny…

I znów cisza.

Cisza.

Ktoś się porusza. Ktoś wzdycha. Szura poduszka.

W przedłużającej się ciszy jak wystrzał rozbrzmiewa nagle kolejne basowe, powolne, recytowane z aktorską starannością polecenie:

– Wchodzący oddech… Wychodzący oddech… Naturalny oddech… Czysty oddech… Nic tylko oddech…

Przeszkadza mi ten głos. Przeszkadza mi to, że jest tak doskonale wyszkolony, że tak starannie deklamuje każdą zgłoskę, że wydaje się przykładać ogromną wagę do tego jak rozbrzmiewa, rozprasza ciszę, wdziera się w nasze wewnętrzne milczenie. Jest sztuczny. Nie, nie chodzi o to, że został stworzony przez syntezator mowy, bo jest na pewno prawdziwym głosem prawdziwego człowieka, ale mam wrażenie, że ten człowiek jest aktorem, który nauczył się wymawiać określone słowa w określony sposób i robi to mechanicznie, nienaturalnie, zapewne zgodnie z certyfikowanym schematem, ale poza swoją duszą.

Czekam więc aż przestanie cedzić dystyngowane, wyszlifowane polecenia i będę mogła skupić się na medytacji i na obserwowaniu mojego oddechu.

Cisza.

Zanurzam się znów w milczeniu, w oderwaniu od wszystkich ziemskich spraw, które bez wysiłku unosi mnie w bezkres podświadomości, gdy nagle ciszę przeszywa basowy głos:

– *Bhavatu… Sabba… Mangalam…* – śpiewa i deklamuje Mistrz z kasety magnetofonowej.

Nie znam tych słów, nie rozumiem ich, nie wiem co znaczą. Wtedy nie wiedziałam też jak brzmią ani jak mogłabym je zapisać. Sprawdziłam to dopiero dużo, dużo później. Są recytowane jak modlitwa, jak tajemne hasło, jak rytualne wezwanie do czegoś.

– *Bhavatu… Sabba… Mangalam…* – powtarza beczącym tonem Mistrz.

I jeszcze raz:

– *Bhavatu… Sabba… Mangalam…*

– Ale spokojnie – myślę sobie. – To tylko trzy słowa, może jakieś jego ulubione. To jeszcze nic nie oznacza.

Aż tu nagle w odpowiedzi słyszę:

– *Saddhu! Saddhu! Saddhu!*

Tak chórem odpowiadają Uczniowie. Nie wiem czy wszyscy, bo nie rozglądam się dookoła, ale na pewno ci, którzy zostali odpowiednio przeszkoleni.

Co to znaczy?!...

I dlaczego czuję się jak podczas rytualnej modlitwy?! Przecież tu nie miało być żadnych religii, żadnych ideologii, żadnych mechanicznych recytacji, żadnych koronek, mantr ani ceremonii! Żadnych tajemnic, żadnego zaklinania, żadnego składania hołdu żadnym bogom, postaciom ani pojęciom!...

– *Meditate...*

– *Meditate...*

– *Meditate...* – powtarza trzy razy Mistrz z kasety, a potem słyszę z ulgą jak Pani Nauczycielka pochyla się nad magnetofonem i wciska klawisz „Stop”.

ROZDZIAŁ 31

Miss Danii

Dzwonek. Lekki, delikatny jak motyl.

Otwieram powoli oczy.

W sali panuje półmrok. To były pierwsze dwie godziny medytacji. Pozostałe osoby też nie bardzo wiedzą jak się teraz zachować, co zrobić, co właściwie oznacza dźwięk tego dzwonka. Czy był dla nas?

Patrzymy na Panią Nauczycielkę.

A ona wstaje z białego tronu, odwraca się plecami i odchodzi.

Aha, to chyba znaczy, że możemy wyjść. Koniec medytacji.

Na dworze już wstał dzień. Śpiewają ptaki, świeci słońce, ach, jest tak pięknie!

Wkładam buty, rozglądam się.

Co teraz?

Po lewej stronie przed żelazną bramą zamykającą kwatery dla kobiet płonie ognisko, nad którym stoi parujący kocioł. Gorąca woda!

Pani Bardzo Obowiązkowa, czyli nasza Strażniczka Hinduska dorzuca drewna do ognia. I pokazuje mi, że mam iść w odwrotnym kierunku.

Skręcam w prawo.

Mały biały domek. Śniadanie!

Stoły stoją przysunięte do ścian, tak żeby nikt na nikogo nie patrzył. Ciepły ryż, soczewica, małe gotowane ziemniaki w mundurkach, jakie pyszne! Jest też kawa, ale słodzona i z mlekiem, więc nie skorzystam.

Siedzę naprzeciwko odrapanej ściany i myślę sobie, że świat jest piękny. I że właściwie sensem naszego bycia tutaj jest znalezienie równowagi pomiędzy ciałem a duszą. Tyle że niestety to pierwsze żąda pewnych przysług i jeżeli nie napełnisz żołądka, a później nie opróżnisz jelit w odpowiednim czasie, to zgaśniesz.

Z wdzięcznością jem pyszne, proste wegetariańskie jedzenie. Nie ma zbyt dużo czasu. O ósmej zaczyna się następna medytacja, a jest już pewnie koło siódmej rano. Czas na kąpiel!

Wspólne łazienki są podzielone na kilka betonowych komórek. W każdej stoi wiadro i mała plastikowa miska. Domyślam się co należy z nimi zrobić, bo podróżowałam wcześniej po Indiach i po krajach arabskich, gdzie filozofia kąpieli jest zupełnie inna od europejskiej.

Nie ma prysznica i nie ma wanny. Czasami jest coś w rodzaju brodzika, na tyle małego, że nie można do niego wejść, bo on nie służy do kąpieli, tylko jako zbiornik wody. W bardzo luksusowych arabskich rezydencjach brodzik jest ułożony z kolorowych kafelków na środku łazienki i można w nim usiąść.

Ale nie tutaj.

Jest wiadro i miska. Ze ściany na wysokości kolan wystaje kran z lodowatą wodą. Podłoga z betonu. Połączmy fakty.

Biorę wiadro, wychodzę przed bramę kwater dla kobiet. Pani Bardzo Obowiązkowa, ocierając oczy od piekącego dymu, nalewa mi z kotła ćwierć wiadra wrzątku. Dźwigam to wiadro z powrotem do łazienki, dopełniam lodowatą wodą z kranu i oto mam kąpiel.

Trzeba się rozebrać, kucnąć i polewać się wodą, czerpiąc ją z wiadra za pomocą miski. I lepiej robić to szybko, zanim woda ostygnie. A poranek jest bardzo zimny.

Ale kąpiel jest boska!

Czuję jak po plecach spływa mi struga gorącej wody. Bucha para. A może to para z moich ust? Rozgrzewam zziębnięte bose stopy, energicznie myję zęby, szoruję plecy. Każda gorąca kropla jest na wagę złota.

Niestety szybko się kończy. Wycieram się i wskakuję czym prędzej w ubranie. Podkoszulek, koszulka, termoaktywna koszulka z długimi rękawami, na to jeszcze bluzka, polar i kurtka puchowa. Zimno jest, naprawdę. Kalesony termoaktywne, spodnie, skarpetki. Szal na szyję. Dzwonek.

Dzwonek?! Jak to?! Już?!!!

To jest ten rozkazujący, niecierpliwy, nieznoszący sprzeciwu.

– Teraz! – woła. – Natychmiast! Bez ociągania! Przychodzić, przychodzić, przychodzić!

Biegnę do mojej celi, żeby zostawić mydło i ręcznik. Strażniczka patrzy ponaglająco. Pozostałe dziewczyny już poszły. Idę więc i ja.

Sala Medytacyjna. Zostawiam buty przed drzwiami. Zajmuję moje miejsce na poduszce. Krzyżuję nogi. Zamykam oczy.

W sali jest ciemno i zimno. Zawsze. Nawet wtedy, kiedy na dworze świeci słońce. Z tęsknotą myślę o ptakach, które śpiewają na dworze, o świetle dnia i swobodzie otwartej przestrzeni. Otulam się białą narzutą, która chyba oryginalnie była przeznaczona do przykrycia łóżka, ale idealnie nadaje się na zrobienie prywatnego ogrzewającego namiotu podczas medytacji.

Zanurzam się w ciemność. Spokój. Odsuwam myśli.

Nie chcę tęsknić za wolnością. Chcę raczej uczciwie wypełnić zobowiązanie, które podjęłam wobec samej siebie. Nigdy nie wstawałam o czwartej rano, żeby medytować. I nigdy nie poświęcałam na to dziesięciu godzin dziennie.

Wyobrażasz sobie? Wyrwać z życia dziesięć dni tylko po to, żeby siedzieć i nic nie robić? Nawet nie myśleć, bo myślenie przeszkadza w medytowaniu.

Ale zrobić coś takiego choćby raz w życiu – to niesamowite! A najbardziej niezwykłe jest to, co może zdarzyć się później. I o to właśnie chodzi. Nie o to, co można zaplanować, przewidzieć i czym można zarządzać. Chodzi o to, co być może znajduje się ukryte na dnie twojego umysłu i samo ujawni się przed twoimi oczami – jeśli tylko uwolnisz swój umysł od świadomych myśli.

Temu właśnie służy medytacja.

To ma być stan poza tą częścią twojego umysłu, którą znasz i z którą od zawsze się identyfikujesz. Bo tam jest coś więcej. Ukryta pamięć i podświadomość, która rządzi się własnymi zasadami.

Dotknąć tego, doświadczyć, zobaczyć – to fascynujące!

Jeśli więc trzeba do tego siedzieć w ciemnej, zimnej sali w niewygodnej pozycji przez dziesięć godzin dziennie, to warto. Dam radę.

Nogi cierpną. Układam je z prawej strony. Cierpną. Z lewej strony. Cierpną. Prostuję przed sobą. Co za ulga! Dotknięcie w ramię. Hinduska Strażniczka! Pokazuje dłonią, że mam zgiąć nogi. Nie wolno siedzieć z wyprostowanymi.

Dobrze, oczywiście.

Proste plecy. Prawie lotos. Dam radę.

Najstarsza wśród uczestniczek medytacji jest Dunka o skomplikowanym imieniu. Nazywałam ją w myślach Miss Danii.

Uśmiecham się do siebie i pochylam głowę, żeby nikt tego nie widział, bo uśmiechanie chyba też jest zabronione. Pomyślałam, że to właściwie zabawne. Już pierwszego dnia nadałam im w myślach imiona.

Była Miss Norwegii w kolorowym swetrze, obok niej Śpiąca Miss Indii, dalej Miss Indii Gospodyń Domowych, była też drobna i milcząca Niewidzialna Miss Indii, Miss Danii, albinoska Miss Kolumbii, no i ja, Miss Polski. Hi, hi, hi. Ach, i jeszcze przeziębiona Miss Izraela.

Śpiąca Miss Indii ciągle zasypiała podczas medytacji. Bez przerwy. Po prostu opadała jak uśpiony kwiat na podłogę, więc co chwilę przybiegała Hinduska Strażniczka – której nadałam imię Miss Indii Najbardziej Pracowita – i szturchała ją, żeby się podniosła. Podnosiła się posłusznie, a kilkanaście minut później miękko znów opadała w dół, nie zmieniając ani przez chwilę pozycji. Po prostu zginała się w pasie

Miss Izraela –

Krótkowłosa,
zakatarzona,
ciagle wzdychała
i ocierała łzy

takim ruchem, jakby miała zbyt ciężką głowę i koniecznie musiała ją położyć na podłodze.

Miss Indii Gospodyń Domowych była potężnie zbudowana, wysoka i gruba, tak jakby całym swoim ciałem usiłowała zasłonić wszystkie swoje dzieci i męża – o których oczywiście nic nie wiedziałam, ale byłabym gotowa pójść o zakład, że ma ich wiele. Była skupiona na medytacjach, nie podnosiła oczu podczas spacerów, więc nigdy pewnie nie zauważyła, że się do niej uśmiechałam.

Niewidzialna Miss Indii była szczupła, drobna i niczym się nie wyróżniała. Przychodziła, wychodziła, prała swoje sari i rozwieszała je na sznurku nad betonowym dziedzińcem w kwaterze kobiet, ale gdyby nagle znikła, to nikt by tego chyba nie zauważył.

Jak ktoś kichnął, to w myślach mówiłam:

– Zdrówko, Miss Indii.

A jak Śpiąca Miss Indii znowu zasypiała na podłodze, to szczerze jej współczułam, bo wyglądała na wyczerpaną tym wszystkim, co się tu dzieje.

– O, witaj, Miss Norwegii, jak się dzisiaj czujesz? – pytałam w myślach.

Miss Norwegii wkładała i zdejmowała swoje śliczne norweskie skarpety i sweter w norweskie wzory. I też chyba nigdy na mnie nie spojrzała.

– Miss Izraela, chyba znowu ciężko ci siedzieć, bo tak się kręcisz i wzdychasz? – mówiłam w myślach do dziewczyny z Izraela, a ona w odpowiedzi ocierała łzy i głośno dmuchała nos.

Miss Danii mieszka w Kopenhadze. Złożyła do władz miasta projekt ekologicznego zagospodarowania miejskiego parku i dostała wolną rękę. Sadzi tam wybrane przez siebie rośliny, uprawia ekologiczną marchewkę. Od kilku lat co roku przyjeżdża pomieszkać przez miesiąc w Varanasi.

– I co tu robisz? – zapytałam pierwszego wieczoru.

– Mieszkam sobie – odrzekła po prostu.

– Aha – przytaknęłam, nie bardzo wiedząc co to właściwie oznacza.

Przecież nawet jeśli tu mieszka, to przecież czymś się chyba zajmuje? A może nie? Może po prostu zajmuje się niezajmowaniem się niczym w szczególności?

– Rozmawiam z tutejszym ludźmi. Zaprzyjaźniam się – dorzuciła po chwili.

– Aha – zerknęłam na nią.

Sama. Pewnie po rozwodzie. Już wie, że wcześniej szukała sensu w niewłaściwych źródłach, teraz więc eksperymentuje z egzotycznymi miejscami, w których ma nadzieję znaleźć to, czego jej zawsze brakowało.

– Słyszałam o tej medytacji, ale bałam się spróbować – dodaje. – Nie wiem czy dam radę.

Pierwszego dnia dawała radę, ale z głośnym wzdychaniem. Drugiego dnia przesiadła się na krzesło. To było rezerwowe rozwiązanie dla tych, którzy mają problemy z kręgosłupem albo odkryją, że siedzenie po turecku na podłodze jest dla nich niewykonalne. Można wtedy przesiąść się na krzesło, pamiętając o tym, żeby trzymać obie stopy na ziemi i mieć zawsze wyprostowane plecy.

Dunka przesiadła się na krzesło drugiego dnia i słodko w nim drzemała, od czasu do czasu budzona przez Strażniczkę.

ROZDZIAŁ 32

Język palijski

Uderzenie w dzwonek.

– *Five minute break* – mówi Pani Nauczycielka.

Przerwa. Najkrótsze pięć minut na świecie. Ledwie zdążę wstać, dojść do drzwi, włożyć buty i wyjść na dwór, żeby zanurzyć się w ciepłym powietrzu, ledwie zdążę przywitać się ze słońcem i zachwycić świeżym porankiem, już rozbrzmiewa następny dzwonek. Z powrotem. Do ciemnej, ponurej jaskini, gdzie trwa wieczna cisza. Przerywana czasem zmęczonym sapaniem, westchnieniem, kaszlem albo bolesnym dmuchaniem nosa.

To Miss Izraela, krótkowłosa dziewczyna obok mnie. Przyjechała przeziębiona, a tutejszy chłód i wilgoć najwyraźniej nie pomagają. Trudno jest oddychać przez nos kiedy masz głowę pełną kataru.

Siadam. Prostuję plecy. Zamykam oczy.

– Buuuuuu – zaczyna śpiewać Mistrz basowym głosem z kasety magnetofonowej uruchamianej przez Panią Nauczycielkę na początku i na końcu każdej medytacji.

Mistrz najpierw melodeklamuje w dziwnym, niezrozumiałym języku. Brzmi jak aktor idealnie odczytujący napisaną dla siebie rolę, dbający o każde „ę" i „ą", o precyzyjne wymawianie każdej końcówki i stawianie właściwego akcentu.

Robi to specjalnie wytrenowanym beczącym głosem z drżącymi, zamierającymi końcówkami słów. Znów wydało mi się, że skądś to znam, tylko skąd?... Taki dziwny, nienaturalny sposób mówieniośpiewania. Gdzieś to słyszałam, tylko gdzie?...

– Buuuuuuu – ciągnął Mistrz z kasety.

W Tybecie! Nagle mnie olśniło. Słyszałam to w jednym z klasztorów w Tybecie! Podczas jakiejś rytualnej ceremonii, a może później, kiedy mnich odprawiał specjalne modły dla określonej osoby. A może podczas przygotowań do medytacji w buddyjskim zakonie Żółtych Czapek[24]?

Ale tak! Na pewno słyszałam to w Tybecie!

Ale zaraz. Co to właściwie oznacza?

Czy Mistrz jest tybetańskim mnichem? Nie, zaraz, przecież czytałam o nim w Internecie. Nie jest mnichem. Jest tylko gościem, który…

---

24 Zakon Żółtych Czapek, czyli buddyjskiej szkoły Gelug, jednej z czterech najważniejszych tradycji buddyzmu. Przywódcą tej odmiany buddyzmu jest obecny Dalajlama XIV.

– *Bhavatu Sabba Mangalam!* – powtarza trzykrotnie beczącym głosem Mistrz.

– *Saddhu! Saddhu! Saddhu!* – odpowiadają mu chórem wszyscy.

Nie! Ja nie chcę!

Nie chcę mówić czegoś, czego nie rozumiem! Nie chcę słuchać czegoś, czego nie rozumiem, szczególnie kiedy znajduję się w stanie głębokiej medytacji, kiedy mój umysł jest bezbronny, bo przecież ja sama decyduję o tym, że odsuwam wszystkie świadome i zarządzające nim myśli.

– Aby wyciszyć rozum... – odzywa się Mistrz z kasety po angielsku – ćwiczymy medytowanie... Obserwuj wchodzący oddech... wchodzący oddech... Wychodzący oddech... wychodzący oddech... Pozostań bardzo uważny... bardzo uważny... Bardzo czujny... Bardzo baczny... Nieustannie świadomy wchodzącego oddechu... Wychodzącego oddechu... Tak jak wchodzi naturalnie... Wychodzi naturalnie...

Dobrze. Spokojnie – myślę sobie. – Ominę te buddyjskie śpiewy i recytacje. Skoncentruję się na medytacji. A więc witajcie, moja prawa dziurko w nosie i moja lewa dziurko w nosie, bo Mistrz znów poleca, aby skoncentrować swoją uwagę „na obszarze poniżej dziurek w nosie". Koncentruję. Obserwuję jak oddycham. Czuję jak powietrze wpływa do mnie do środka, a potem wypływa znów na zewnątrz.

Mistrz wreszcie przestaje mówić.

Zapada cisza.

Miss Izraela dmucha nos w papier toaletowy i wzdycha.
Cisza.
Ciemność.
Czas.

Skostniała lewa noga. Przekładam ją w prawo.
Skostniała prawa noga. Przekładam ją w lewo.
Siadam na poduszce jak żaba z nogami ugiętymi na zewnątrz.
Cisza.
Ciemność.
Czas.

Ktoś kaszle. Ktoś wzdycha.
Lotos.
Nogi drętwieją po pewnym czasie.
Skostniała lewa noga. Przekładam ją w prawo.
Skostniała prawa noga. Przekładam ją w lewo.
Prostuję plecy.
Cisza.
Ciemność.
Czas.

Nie wiem jak długo.
Chcę się zatopić i stracić poczucie rzeczywistości.

Poduszka jest twarda, płaska, wyślizgana przez wcześniejszych medytujących. Szukam najlepszej pozycji.

Czy usiąść na jej środku, czy może na skraju, żeby stopy znajdowały się niżej, na podłodze? Ale czy te kilka centymetrów różnicy ma znaczenie? Ma. Szczególnie jeśli położysz na płaskiej poduszce drugą płaską poduszkę, zakrywającą ją do połowy.

Lepiej.

Prostuję plecy.

Lotos.

Tracę czucie w stopie.

Przekładam nogi.

Miss Izraela wzdycha i czyści nos.

Cisza.

Ciemność.

Czas.

– Buuuuuu – odzywa się basowo Mistrz z kasety magnetofonowej.

Śpiewa w starym buddyjskim języku *pali*. Wtedy o tym nie wiedziałam, sprawdziłam to dopiero później. Wtedy tylko domyślałam się, że skoro śpiewa tak samo jak mnich w tybetańskim klasztorze, to zapewne używa jakiegoś dawnego języka pochodzącego z początków okresu buddyzmu.

I miałam rację.

Język palijski istniał w Indiach ponad dwa tysiące lat temu, tuż przed nastaniem tzw. „naszej ery". Podobno Budda nie chciał, żeby jego nauki zostały zapisane w sanskrycie, który był językiem wykształconych ludzi szlachetnego pochodzenia. Zapisywano w nim teksty filozoficzne, poetyckie, naukowe, literackie i liturgiczne. Nie kojarzył się więc pewnie raczej z czymś, co jest dostępne dla zwykłego człowieka.

Dlatego Budda kazał swoim uczniom stosować prostszy dialekt, który mógłby być wspólnym językiem dla prostych ludzi różnych zawodów.

Teksty buddyjskie zostały więc zapisane w języku palijskim.

Nikt nim już dzisiaj nie mówi na co dzień. Jest jednak używany jako język liturgiczny przez wyznawców buddyzmu tradycji *theravada*.

Therawada to najstarsza, najbardziej radykalna, konserwatywna i ortodoksyjna odmiana buddyzmu.

A więc to tak.

Czułam to przez skórę.

ROZDZIAŁ 33

Rozkład dnia

Rozkład zajęć w ciągu dnia znałam już od dawna, bo kilka razy przeczytałam go w Internecie i na ulotce. Wisiał też na ścianie przy wejściu do żeńskich kwater.

4.00 rano – pobudka

4.30–6.30 – medytacja w Sali Medytacyjnej lub w twoim pokoju

6.30–8.00 – przerwa śniadaniowa

8.00–9.00 – grupowa medytacja w Sali Medytacyjnej

9.00–11.00 – medytacja w Sali Medytacyjnej lub w twoim pokoju – zgodnie z poleceniem Nauczyciela

11.00–12.00 – przerwa na lunch

12.00–13.00 – odpoczynek, możliwość prywatnej rozmowy z Nauczycielem

13.00–14.30 – medytacja w Sali Medytacyjnej lub w twoim pokoju

14.30–15.30 – grupowa medytacja w Sali Medytacyjnej

15.30–17.00 – medytacja w Sali Medytacyjnej lub w twoim pokoju – zgodnie z poleceniem nauczyciela

17.00–18.00 – podwieczorek

18.00–19.00 – grupowa medytacja w Sali Medytacyjnej

19.00–20.15 – wykład Nauczyciela

20.15–21.00 – grupowa medytacja w Sali Medytacyjnej

Kiedy przeczytałam ten plan po raz pierwszy, wydawał się urozmaicony. Oczywiście dużo medytacji, bo taki był przecież cel tego kursu, ale odniosłam wrażenie, że będą urozmaicone, czasem wspólne, czasem samotne, wśród tropikalnych roślin w zielonym ogrodzie, z ciepłymi promieniami słońca na skórze.

Nie wiem skąd wzięła mi się ta myśl. Może z instynktownego przekonania, że ludzki umysł i dusza pochodzą z tego samego źródła co drzewa, ptaki i kwiaty, czyli cała ziemska przyroda, i dzielą z nią ten sam rodzaj tajemnej energii. Zawsze mocno czuję to w dżungli amazońskiej i w każdym innym prawdziwym lesie.

Beton miasta ogranicza, tłumi, wysysa życie.

Żywe zielone rośliny dają oddech, swobodę, lekkość, pozwalają odzyskać siłę i wolność.

Dlatego pewnie wyobrażałam sobie, że kurs medytacji musi odbywać się w bujnym ogrodzie pełnym tropikalnych roślin, wśród których pojawia się ścieżka i altanka.

Ale tak nie było.

Był trawnik, na który nie wolno było wchodzić.

Było poletko pod murem, gdzie rosła kapusta i marchewka.

Było pięćdziesiąt metrów betonowej ścieżki.
I nic więcej.

Podczas przerwy chodziliśmy małymi krokami po tej krótkiej ścieżce. Nie było się nawet jak rozpędzić.

Marzyłam o tym, żeby położyć się w słońcu i nadrobić brak snu, ale przybiegła od razu hinduska Strażniczka i kazała wstać. Mogłam się położyć tylko w mojej zimnej, betonowej celi.

A z niej pójść do jeszcze bardziej ciemnej, zimnej, pustej i posępnej Sali Medytacyjnej, gdzie odbywały się wszystkie medytacje. Tam spędzaliśmy dziesięć godzin dziennie.

Moje serce rwało się do ciepła, słońca i ptaków. Do czegoś żywego, serdecznego, przyjaznego. Do czegoś, z czym miałabym chęć być blisko, razem, w jedności.

Brakowało mi przyrody.
Brakowało mi snu.
Brakowało mi dobrych, żywych emocji.

Na razie miałam tylko teatr w bardzo zimnej, wielkiej sali, gdzie z kasety magnetofonowej doskonale wyszkolony aktor odprawiał rytualne buddyjskie śpiewy w języku palijskim. Potem wygłaszał instrukcje basowym, powolnym głosem.

Pani Nauczycielka na białym tronie naciskała klawisze magnetofonu. Sama nic nie mówiła, tak jakby ktoś uznał, że nie jest wystarczająco kompetentna i mądra, żeby osobiście prowadzić zajęcia.

Ciemna, pusta, zimna
i posępna sala
medytacyjna
Ciepło, słońce
i ptaki!

Wieczorem szliśmy do małego pokoju, gdzie Mistrz bardzo powoli, cedząc słowa wygłaszał wykład z kasety wideo. Pierwszego dnia nagranie zaczęło się tak:

– Pierwszy dzień się skończył... Pozostało jeszcze dziewięć dni... żeby bardzo ciężko pracować... Aby uzyskać najlepsze rezultaty z waszego pobytu... musicie bardzo ciężko pracować... Pilnie... Starannie... Cierpliwie, ale wytrwale... Bez przerwy...

Siedzieliśmy na podłodze naprzeciwko telewizora. Na płaskich poduszkach, takich samych, jak do medytacji. Wolno było zająć dowolną pozycję, ale bez podpierania pleców. Była to więc jedenasta i dwunasta godzina siedzenia na ziemi bez oparcia. To trudne i niewygodne. Ale nic.

Dam radę.

Pierwszego dnia byłam trochę oszołomiona. Przyjechałam tutaj jak na święto. Spodziewałam się spotkać ciepłych ludzi, którzy przeszli na wyższy poziom świadomości dzięki tej unikatowej, nowoczesnej metodzie pracy z umysłem, o której pisali na stronie internetowej. Chciałam zostać przez nich poprowadzona, pociągnięta, olśniona – tak samo jak wtedy, kiedy po maturze jechałam na uniwersytet, żeby rozpocząć studia. Też myślałam, że znajdę się w miejscu pełnym niezwykłych, inspirujących ludzi, którzy będą moimi przewodnikami i mistrzami, że wśród nich rozkwitnę, zacznę się rozwijać umysłowo i duchowo, podążę drogą intelektualnej światłości i przygody.

Na studiach tak się nie stało. Żyliśmy od imprezy do imprezy zalewanej alkoholem, a na wykładach kazano nam się uczyć formułek na pamięć. Kosmiczne rozczarowanie. Dlatego rzuciłam studia.

Ale nie teraz, nie. To była zupełnie inna sytuacja.

Pierwszy dzień rzeczywiście był trochę oszałamiający, bo wszystko było nowe.

A ja wiedziałam, że przyjechałam tutaj nie po to, żeby porównywać to do moich oczekiwań, tylko żeby zrobić coś ważnego.

Zostanę do końca. Bo tylko wtedy będę w stanie stwierdzić czy rzeczywiście ta metoda działa i czy udało mi się sięgnąć do najgłębszych warstw mojego umysłu, i co z tego wynikło.

A więc zostanę.

To prawda, nie jest tak, jak napisano na stronie internetowej. Miała to być rzecz absolutnie wolna od wszelkich ideologii i religii, tymczasem zdaje się być ściśle związana z buddyzmem, ale mniejsza z tym. Nie chcę, żeby mój racjonalny, zarządzający i kontrolujący umysł przysłonił mi większy cel. Chcę skorzystać z mądrości czegoś, czego nie znam, co jest trudne, ale czego jestem gotowa się nauczyć.

Pominę te rytualne śpiewy. Postaram się nie słyszeć melodeklamacji w obcym języku. A kiedy będą padały te trzy najbardziej celebrowane i niezrozumiałe dla mnie słowa *Bhavatu, Sabba, Mangalam,* na które wszyscy powinni chórem odpowiedzieć, trzykrotnie powtarzając kolejne obce dla mnie słowo:

– *Saddhu, Saddhu, Saddhu.*

Przyłączę się do nich, bo to *Saddhu* brzmi jak „sadu", więc owszem, ja też mogłabym życzyć sobie owocowego sadu w miejsce betonowych alejek. Z taką intencją powiem więc głośno:

– Sadu!

A potem zamknę oczy i będę mogła zająć się tym, co jest naprawdę ważne, czyli obserwowaniem dziurek w moim nosie, a raczej, przepraszam, „obszaru przy wejściu do dziurek w nosie".

Tak myślałam.
Ale zaczęło się dziać coś dziwnego.

ROZDZIAŁ 34

Szakale i wilkołaki

Czwarta rano. Dzwonek. Wstaję.

Myję twarz i zęby w lodowatej wodzie.

Dzwonek.

Biorę latarkę, zarzucam na plecy koc, idę do Sali Medytacyjnej.

Wszyscy już są chyba w środku, sądząc po ilości par butów pod drzwiami.

Siadam na moim miejscu. Zdejmuję okulary, krzyżuję nogi, zawijam się w koc, zamykam oczy.

Ciemność.

Cisza.

– Buuuuuu – odzywa się buczącym basem Mistrz z kasety. Śpiewa.

Słyszę jak precyzyjnie wymawia każde słowo. Jak mnich, który bardzo długo szkolił głos i ćwiczył klasyczną metodę śpiewodeklamacji w tradycji buddyjskiej. Ale spokojnie. Za chwilę przestanie.

Jeszcze instrukcja.

Dzisiaj też obserwujemy „obszar przy wejściu do dziurek w nosie" oraz wchodzący i wychodzący oddech. Nic więcej. Oczywiście.

Po długim wstępie wreszcie padają słowa:

– *And now, meditate... Meditate*[25]...

Mistrz zwykle powtarza ważne słowa dwa razy, tak jakby jeden raz mógł nam umknąć. Pani Nauczycielka też – przy rzadkich okazjach kiedy się odzywa. Ale nieważne. Ważne jest to, co mam tu do zrobienia.

Zasnuwam moje wewnętrzne niebo spokojną ciemnością. Niech płynie, niech trwa, niech dostosuje swój rytm do mojego oddychania, niech zaśnie – żeby odsłonić przede mną swoje prawdziwe oblicze.

Zapadam się w ciemność wolną od myśli, coraz głębiej, głębiej, głębiej...

Aaaaa!!!!

Bum, bum, bum! W Sali Medytacyjnej nagle wybucha łoskotliwa muzyka.

Dyskotekowy metal rozkręcony na cały regulator. Łup, łup, łup po głowie. Huk, jazgot, rzężenie rozedrganych do granic możliwości głośników.

---

[25] *And now meditate... Meditate...* – (ang.) A teraz medytujcie... Medytujcie...

Nie, przepraszam, nie w sali, tylko tak mi się w pierwszej chwili wydawało.

Otworzyłam oczy. Wszyscy siedzą bez ruchu na swoich poduszkach, a Pani Nauczycielka na białym tronie. Tyle że w powietrzu podskakuje muzyczna piła mechaniczna, która z dudniącym hałasem rozbija ciszę na proch.

I nie milknie.

Tak jakby ktoś podjechał specjalnie tuż pod mur ośrodka medytacji, wystawił na ziemię głośniki, podłączył je do generatora i puścił na pełną parę dyskotekowy hałas! Tylko po co?

Przecież tu nie było już miasta i daleko było do wioski. Ośrodek stał na skraju pola przy piaszczystej drodze.

Bum, bum, bum! Łup, łup, łup! Sala Medytacyjna trzęsła się w posadach. Mury drżały, a metaliczne bity house'owego disco wbijały się w mózg. Cały umysł podskakiwał w jego rytmie. Żołądek podskakiwał w jego rytmie. Serce podskakiwało w jego rytmie.

Ale na sali – cisza. Nic się nie zmieniło.

Wszyscy uczniowie trwają w pozach medytacyjnych, Pani Nauczycielka też.

I ja też, chociaż moje wewnętrzne milczenie odleciało z furkotem skrzydeł jak przestraszona ważka.

Huk, huk, huk, łup, łup, łup, buch, buch, buch, dyskotekowymi odłamkami prosto w czoło.

Łup, łup, łup, bum, bum, bum, tańcz, tańcz, tańcz, kop, kop, kop, drżyj, drżyj, drżyj, pędź, pędź, pędź, łup, łup, łup!!!!!!.......

A uczniowie nic.

Pani Nauczycielka jak zamurowana na białym tronie.

A może to był taki test?

Żeby sprawdzić kto rzeczywiście jest gotów dotrzymać słowa i wytrwać w szlachetnej medytacji bez względu na okoliczności i tak długo, aż rozlegnie się uwalniający nas z obowiązku dzwonek?

Muzyka ryczała za murem przez godzinę, a może dwie. Nie wiem. Nie miałam zegarka, nie robiłam notatek. Wiem tylko, że to trwało bardzo długo i było bardzo głośne.

A potem raptownie urwało się w pół nuty i zgasło.

Wróciło następnego dnia rano.

Ale zaraz.

A może to wcale nie był hałas, tylko ja to tak słyszałam? Być może podczas medytacji tak wyostrzyły mi się zmysły, że słyszałam w wyolbrzymiony sposób to, co dla innych było zupełnie normalne?

To właściwie wyjaśniałoby jeszcze jedną dziwną sprawę.

Wieczorem, kiedy kładłam się spać, dookoła rozlegało się dzikie wycie.

Medytacje trwały przez cały dzień, od czwartej trzydzieści rano aż do wieczora. O siódmej szliśmy na dwugodzinny wykład, który Mistrz wygłaszał z kasety wideo. Wracałam do mojej celi około dziewiątej wieczorem. Bardzo zmęczona.

Auuuuuuuuuuuu !!!!!!

W nocy wyją tak,
jakby to był
Klub Samotnych Serc
wszystkich miejscowych
duchów,
czarownic
i wilkołaków

Padałam na łóżko, zawijałam się w ciężkie, grube koce i już, już zapadałam w sen, gdy nagle cudownie wielką ciszę nocy przeszywały jękliwe, przeciągłe, dziwnie tęskne, skarżące się głosy…

No właśnie. Czyje to były głosy?

Nie ludzi, tego byłam prawie pewna, przynajmniej na początku.

Wilki wyją w taki sposób podczas księżycowych nocy. Wilkołaki też podobno tak wyją.

Mogły to być też złote szakale.

Z wyglądu podobne do wilków, choć szczuplejsze. Mniejsze gatunki szakali żyją głównie w Afryce. Złocisty szakal jest największy i jedyny, którego można spotkać poza Afryką.

W nocy wyją tak, jakby to był Klub Samotnych Serc wszystkich miejscowych czarownic, duchów i wilkołaków.

– Auuuuuuuuuuu!!!.... Auuuuuuuuuuuuuuuuuuuuuuuu!!!.............. – niosło się przez noc.

To nie był pojedynczy zabłąkany głos. To był szalony chór wilczych paszcz, które oznajmiały całemu światu coś, czego nie umiałam i chyba nawet nie chciałam rozumieć.

Naciągnęłam koc na głowę.

– Auuuuuuuuuuuuu!!!! Aaauuuuuuuuuuuuuuuuuuuuuuuu!!!!!...... – wyły szakale albo wilki albo… ktokolwiek to był. – Aaauuuuuuuuuuuuuuuuuuuu!!!!!

Tęsknie, zawodząco, a jednocześnie tak, jakby chciały coś oznajmić. Tak jakby długo na coś czekały, przyzywały to każdej nocy, a teraz mówiły, że zaczynają tracić cierpliwość, że tęsknią, pragną, czekają, błagają, ale są już na skraju wytrzymałości, aauuuuuuuuuuuuuuu!!!!!!!

AAuuuuuuuuuuuuuuuuuuuuuuuuuuuuuuuuuuu!!!!!!!!!!!!!!!!

Auuuuuuuuuuuuuuuuuuuuuuuuuuuuuuuuuuuuuuuuuuuuuuuuuuuuuuuuuuuuuuuuuuuuu!!!!!!!!!!!

Aaaauuuuuuuuuuuuuuuuuuuuuuuuuuuuuuuuuuuuuuuuuuuuuuuuuuuuuu!!!!

ROZDZIAŁ 35

Metalowe disco

– Ding, ding, ding, ding, ding, ding, ding, ding!!!!!!!!!

Dzwonek.

Kroi noc na skrawki. Wciska się w sen. Brzmi jak natarczywa mucha, która atakuje twój nos dokładnie w chwili, kiedy zapadasz w czułą senność.

– Wstawać!!!!! Pobudka!!!!!! – krzyczy dzwonek.

Czwarta rano.

Otwieram oczy.

Siadam na łóżku.

Idę do łazienki. Myję twarz i zęby w lodowatej wodzie.

– Ding, ding, ding, ding, ding, ding, ding!!!!

Już?! Tak szybko?!

Chyba znowu jestem ostatnia.

Siadam na moim miejscu. Zdejmuję okulary. Krzyżuję nogi. Otulam się w koc.

Zamykam oczy.

Cisza.

Ciemność.

Czas.

– Buuuuuuuu!....... – odzywa się basowym buczeniem Mistrz z kasety magnetofonowej.

Śpiewa po buddyjsku. Starannie wymawia każde słowo. Czekam aż skończy. Nie lubię aktorskich popisów wyuczonej artykulacji i używania głosu jako narzędzia zgodnie ze schematem.

W schematach jest poprawność, dokładność i zgodność ze wzorem, ale brakuje duszy.

Ten, kto robi coś zgodnie ze schematem, podąża wcześniej wytyczoną drogą ze szczegółowo opisanymi znakami. Posługuje się wtedy całym swoim racjonalnym umysłem, usiłując zrealizować postawione przed sobą zadanie w taki sposób, jak został nauczony. Zgodnie z przepisami.

Nie ma wtedy mowy o tym, żeby realizować to zadanie z lekką duszą, która jest otwarta na przebłyski geniuszu płynącego wprost od Boga.

Widziałam to wiele razy w różnych sytuacjach.

W telewizji, w radiu, w redakcjach czasopism i gazet, w pracowniach reklamowych, w biurach.

Ludzie myślą, że kiedy opracują schemat, wszystko zacznie działać.

Moim zdaniem jest dokładnie odwrotnie.

Schemat
to więzienie
dla duszy

Dlatego ja zawsze
od niego
uciekam

Schemat – jeśli działa, to bardzo krótko. Życia nie da się zawrzeć w schemacie. Twórczości nie da się zawrzeć w schemacie. Radia ani książki też nie da się zawrzeć w schemacie.

Bo schemat jest martwy.

Był być może aktualny w chwili powstania, ale życie już popłynęło dalej. Na niebie są inne chmury, inaczej pachnie powietrze, co innego zdarzyło się w świecie. To wszystko ma znaczenie.

Schemat jest więzieniem dla duszy.

I dlatego ja zawsze od niego uciekam.

Wreszcie koniec rytualnego śpiewania w języku palijskim. Jeszcze instrukcja.

– Obserwuj... – poleca Mistrz niskim, wyszkolonym głosem. – Obserwuj...

Obserwuję.

– Powietrze wchodzi przez prawą dziurkę w nosie... Powietrze wchodzi przez lewą dziurkę w nosie... Powietrze wchodzi obiema dziurkami w nosie... Obserwuj... Obserwuj... Obszar przy wejściu do dziurek w nosie... Obserwuj... Naturalny oddech... Naturalny oddech... Tylko obserwuj... czy pojawi się tam jakieś odczucie... Tylko obserwuj...

Oddycham przez nos. Oczywiście, czuję jak powietrze dotyka skóry, prześlizguje się po niej, wdycham, wydycham, wdy...

– AAAAAAAAA!!!!!!!! UUUUUUUUUU!!!!!!!!! HHHIIIIIIIIIII!!!! BUMBUMBUM, ŁUPUŁUPUŁUPUŁUPUŁUP!!!!!.....

Huk! Jazgot! Zza muru szacownego ośrodka znowu atakuje rozdygotane metalowe disco.

– Łup! Łup! Łup! – siekają futurystyczne klawisze.

– Bum! Bum! Bum! – grzmocą głębokie basy.

Sala drży. Podłoga podskakuje. Ogłuszone zmysły rozpierzchają się w popłochu.

Pani Nauczycielka trwa bez ruchu na białym tronie.

Uczniowie u jej stóp także.

Medytujemy w rytm nowoczesnego disco wylewającego się z megapotężnych głośników. Przez jakiś czas. Trudno powiedzieć jak długo.

A potem znów muzyka nagle gaśnie, ucięta w pół dźwięku.

Niby wszystko jest takie samo jak przedtem, ale jednak inne.

ROZDZIAŁ 36

Operacja na otwartym mózgu

Wieczorne wykłady były ciekawe. Na ekranie telewizora Mistrz cedził słowa basowym głosem. Na początku obok niego siedziała żona. Nie potakiwała, nie zaprzeczała, nie patrzyła na niego, tylko prosto przed siebie. Jak skała – bez emocji, bez zainteresowania.

Mistrz mówił o tym, że wszystko się zmienia i że jest to najbardziej stały element życia. I że ludzie boją się tego, choć przecież zmiana jest integralną częścią świata. Dzień zamienia się w noc, noc zamienia się w dzień, nasiono zamienia się w roślinę, pogoda się zmienia, zdrowie się zmienia. Wszystko się zmienia i chodzi o to, żeby nie przywiązywać się zanadto ani do idei, ani do planów, ani do przedmiotów, bo właśnie z takiego przywiązania i upierania się przy swoim bierze się cierpienie.

Zgoda. To jest zresztą buddyjski punkt widzenia. Ale słuszny.

No i dlatego ćwiczymy obserwowanie obszaru poniżej wejścia do dziurek w nosie. Żeby pozostać nieruchomym obserwatorem, który zauważa zmiany, ale nie bierze w nich udziału.

Dobrze. Rozumiem. Odłączenie od świadomego pragnienia tego, co sobie być może wymyśliłam, a co wcale niekoniecznie byłoby dla mnie dobre. I próba okiełznania świadomego umysłu, który wiecznie czegoś chce.

Jasne. Chodzi o to, żeby zatrzymać się w pogoni za zdobyczami, bo to, co jest przez podświadomy umysł uznawane za szczyt pragnień, w rzeczywistości jest często tylko zaślepionym pościgiem za czymś, co karmi ambicję, próżność, dumę, potrzebę akceptacji lub podobne emocje, które są w gruncie rzeczy fałszywe – choć udają, że jest inaczej.

To wszystko jasne.

Dlatego zatrzymujemy się, siadamy na ziemi, zamykamy oczy i siedzimy przez dziesięć godzin dziennie. Żeby uspokoić rozbiegany rozum.

Tak było przez pierwsze trzy dni.

A potem Mistrz powiedział, że nadszedł wreszcie ten wyczekiwany dzień. Jutro rano zostanie nam objawiona wielka tajemnica. Wielki sekret. Wielkie odkrycie. Coś, co zmieni nasze życie.

– No, nareszcie! – pomyślałam. Przechodzimy wreszcie do tej nowoczesnej, ściśle naukowej metody pracy z umysłem.

– Niektórzy mówią, że można sobie medytować bez żadnych warunków, jak kto chce, tylko dla przyjemności – mówił Mistrz. – Ale nie tutaj. Tutaj mamy oczyścić umysł aż do jego najgłębszych pokładów.

To jest operacja na twoim otwartym mózgu!

I wtedy chyba po raz pierwszy pojawiło się określenie, które będzie powracało coraz częściej.

– To jest operacja na żywym mózgu – oświadczył Mistrz. – Trzeba wyrwać z umysłu korzenie tego, co jest nieczyste! Wyrwać z umysłu te korzenie! I dlatego musicie kontynuować medytacje. Tylko w ten sposób możecie stać się oświeconymi osobami.

Dobrze.

Mistrz wyjaśnia jeszcze dlaczego lepiej mieć oczyszczony umysł niż brudny, używając przy tym dziwnych słów w obcym języku, ale to nic. Rozumiem w czym rzecz.

– A kiedy będziesz miał czysty umysł, będziesz pełen miłości. Pełen miłości. Nie będziesz już chciał nikogo nienawidzić. Tylko miłość. Dobra wola. Życzliwość.

Usiłuję znaleźć wygodną pozycję na podłodze. Jest mało miejsca, więc siedzimy ze skurczonymi nogami i oczywiście nie wolno się oprzeć o ścianę. Bolą plecy, drętwieją stopy. Ale dam radę.

Tym bardziej, że wreszcie rozpoczyna się ta właściwa część kursu, kiedy poznam od dawna zapowiadany sekret. Może to jest coś, co pozwala dotrzeć do podświadomości i posprzątać ją jak gęstą miotełką? Bo przecież w podświadomej części umysłu leży mnóstwo uczuć i przekonań, z których człowiek nie zdaje sobie sprawy, a które w praktyce kierują jego zachowaniem i mają największy wpływ na podejmowanie decyzji.

Jeżeli te ukryte przekonania są fałszywe, to wymuszają podejmowanie błędnych i szkodliwych decyzji. Na przykład jeżeli ktoś ma w podświadomości zapisany komunikat o tym, że jest gorszy niż inni, to neutralne zachowania ludzi będzie odbierał jak obraźliwe wobec siebie, i będzie wtedy reagował albo agresją wobec nich, albo zamknięciem się w sobie i depresją – mimo że w rzeczywistości osoby, wobec których jest skierowany jego gniew lub smutek, nie miały wcale na myśli tego, co jemu się wydaje, że było skierowane przeciwko jego osobie.

No i tak właśnie te fałszywe przekonania dawno zapisane i ukryte w podświadomości potrafią kosmicznie skomplikować życie.

Wiem to, że sama odkryłam w sobie wiele takich fałszywych kodów i dużo czasu zajęło mi zapisanie ich na nowo, w prawidłowy sposób.

Ale może w moim umyśle są jeszcze fałszywe kody, z których nie zdaję sobie sprawy i których nie umiałam odnaleźć?

I może ten „naukowy, nowoczesny sposób pracy z umysłem" to właśnie umożliwia?

Ha!

Zobaczymy jutro.

Na razie kończy się trzeci dzień.

Mistrz mówi i mówi, i mówi, a na koniec zamyka oczy i unosi dłoń w geście Buddy pozdrawiającego swoich wyznawców.

– *Bhavatu, Sabba, Mangalam!* – śpiewa Mistrz powoli, tym dziwnie beczącym głosem na ekranie telewizora, przeciągając słowa i wymawiając ich końcówki zamierającym głosem.

A potem jeszcze raz:

– *Bhavatu, Sabba, Mangalam!*

Opuszczam głowę. Jakoś nie mogę przez to przebrnąć.

– *Saddhu, Saddhu, Saddhu!* – odpowiadają posłusznie chórem uczniowie.

– Sadu! – dorzucam od siebie, mając na myśli owocowy sad.

– Możecie teraz odpocząć, możecie odpocząć – oznajmia Mistrz jak zwykle dwukrotnie.

Koniec wykładu.

Wszyscy wstają w milczeniu, bez słowa.

Dochodzi dziewiąta wieczorem. Śpieszę się z powrotem do mojej celi, żeby jak najszybciej położyć się spać. Siedem godzin snu to bardzo, bardzo za mało jak dla mnie. Bardzo. Ale dam radę!

ROZDZIAŁ 37

Pięć dni

Już pierwszego dnia czułam, że coś tu jest nie tak. Ale pomyślałam, że nie jestem tu po to, żeby się rozglądać i oceniać, tylko żeby skoncentrować się na poznaniu i zrozumieniu czegoś nowego. Czegoś, co może być bardzo ważne i potrzebne.

Drugiego dnia pomyślałam, że chcę odejść. Drażniły mnie te dziwne buddyjskie melodeklamacje, niezrozumiałe słowa, beczące śpiewy i rytuały. Usiłowałam je zignorować, oswoić, polubić, ale jakoś boleśnie wbijały się w moje uszy, były obce, sztuczne, martwe, mechaniczne. Nie chciałam i nie mogłam dopuścić ich do siebie. Poza tym nie miałam pojęcia co znaczą, bo nikt nam tego nie wyjaśnił.

Ale zaraz.

Nie byłam tam po to, żeby walczyć o swoje. Chciałam poznać coś ważnego, nauczyć się genialnej metody wymyślonej przez Mistrza.

Zostanę więc.

Dziesięć dni?

Rety!

Dziesięć dni w tej ciemnej, zimnej ponurej jaskini zwanej Salą Medytacyjną?... Wśród rytualnych modłów w obcym języku, ogłuszającego łomotu dyskotekowej muzyki i nocnego szalonego wycia szakali?....

Tak. Dam radę.

Czułam w środku wewnętrzny sprzeciw i bunt. Tak samo jak wtedy, kiedy zmuszałam siebie do zostania na studiach. Tak samo jak wtedy, kiedy miałam zrobić coś z rozsądku, chociaż serce podpowiadało mi coś zupełnie innego.

A więc dobrze.

Muszę zaufać także swoim odczuciom.

Muszę znaleźć kompromis pomiędzy tym, co podpowiada mi rozum, a tym, do czego wyrywa się serce.

Nie wiem przecież czy moja chęć ucieczki nie jest reakcją upartego umysłu, który broni się w ten sposób przed naruszeniem tego, co sobie kiedyś zapisał i ustalił. Może w mojej podświadomości jest dużo tych *impurities* – jak to określał Mistrz – czyli „nieczystości", i dlatego tak gwałtownie broni się przed sprzątaniem i wizją oczyszczenia?...

A może rację ma moje serce, które słyszy sztuczność i schemat tych mechanicznych melodeklamacji?...

Nikt się tutaj nie uśmiecha. Pani Nauczycielka patrzy na nas surowym, zimnym wzrokiem. Nic nie mówi. Tylko naciska klawisze magnetofonu. Na koniec oznajmia dwukrotnie:

– Pięć minut przerwy. Pięć minut przerwy.

Albo:

– Teraz możecie odpocząć. Teraz możecie odpocząć.

Mówi to dokładnie takim samym tonem jak Mistrz, jak gdyby była jego cieniem.

Raz przemówiła podczas medytacji. Wzywała każdą osobę po imieniu. Uczeń siadał na dywaniku u jej stóp, a ona z wysokości swojego białego tronu każdemu szeptem zadawała to samo sakramentalne pytanie:

– Czy czujesz jakieś odczucie na skórze? Na obszarze przy wejściu do dziurek w nosie?

Na zewnątrz świeciło słońce i śpiewały ptaki, a my siedzieliśmy w zimnej, ciemnej, posępnej sali. Równie ciemno i posępnie było w mojej celi. Jedyną alternatywą był betonowy placyk między pokojami w żeńskich kwaterach. Tam podczas przerwy można było się położyć. Na betonie? Między nogami przechodzących dziewczyn, które usiłowały podczas przerwy zdążyć zrobić pranie?

Serce rwało mi się na zewnątrz.

Postanowiłam zostać przez pięć dni. I nie pytać siebie w tym czasie o zdanie. Pięć dni całkowitego skupienia na tym, co jest, i próbie najlepszego wykorzystania tego czasu. Chciałam podjąć wyzwanie. Chciałam nauczyć się nowej umiejętności. Chciałam dać szansę Mistrzowi, żeby mnie oświecił.

Pięć dni.

Po pięciu dniach na nowo zadam sobie pytanie jak się czuję i czy wciąż chcę tu zostać.

ROZDZIAŁ 38

Nieczystości w korzeniach umysłu

Pierwsze trzy dni były przygotowaniem umysłu do tego, co miało się dziać później. Tak samo jak w ogrodzie – najpierw trzeba oczyścić ziemię, wyjąć kamienie, wyrwać chwasty, a dopiero później można wkładać do niej nasiona.

To słuszne, bo przecież większość ludzi żyje teraz w pośpiechu, w wiecznej pogoni za czymś, bez zastanawiania się co czują i czego naprawdę chcą. Dobrze jest więc zatrzymać się, porzucić wszystkie inne zajęcia i skoncentrować się tylko na obserwowaniu dziurek w swoim nosie oraz sposobu, w jaki przepływa przez nie powietrze podczas oddychania.

Wyobraź sobie.

Zajmujesz się tylko tym przez dziesięć godzin pierwszego dnia, dziesięć godzin drugiego dnia i dziesięć godzin trzeciego dnia.

Wieczorem Mistrz oznajmia, że jutro rozpocznie się operacja na twoim otwartym mózgu i że jesteś już gotów, aby poznać wielką tajemnicę, która odmieni twoje życie.

Czwarta rano. Dzwonek.

Myję zęby w lodowatej wodzie, narzucam na plecy koc.

Tym razem jestem chyba pierwsza. Pod drzwiami nie ma jeszcze żadnych butów.

Wchodzę do środka, zajmuję moje miejsce.

Nadchodzą następni. Pani Nauczycielka na białym tronie. Nikt się nie wita, bo przecież jest zakaz jakiegokolwiek kontaktu. Nie wolno patrzeć na nikogo, nie wolno dotykać, nie wolno się pozdrowić skinieniem głowy, i oczywiście nie wolno nic mówić.

Wszyscy chodzą więc ze spuszczonymi głowami, z oczami wbitymi w ziemię.

To było dziwne.

Ja rozglądałam się, patrzyłam w niebo, na listki roślin, uśmiechałam się, cieszyłam się z tego, że jestem. Tak, przyznaję, patrzyłam nawet w oczy innym uczniom, ale tylko po to, żeby się do nich uśmiechnąć, żeby podzielić się pogodnymi myślami. To znaczy usiłowałam spojrzeć im w oczy, bo wszyscy patrzyli w dół na swoje stopy. Czasem czułam się jak w filmie SF o robotach.

No, ale w każdym razie minęły trzy pierwsze dni, mój umysł był więc już odpowiednio przygotowany do Wielkiego Objawienia, a ja z ciekawością na niego czekałam.

– Buuuuuuuuuu….. – zaczął Mistrz z kasety.

Jasne. Bez tego się nie obejdzie. Buddyjskie śpiewy w języku palijskim recytowane beczącym głosem z zamierającymi końcówkami.

– *Bhavatu... Sabba... Mangalam... Bhavatu... Sabba... Mangalam...*

– *Saddhu, Saddhu, Saddhu* – odpowiadają chórem uczniowie.

– Sadu – dorzucam od siebie z myślą, że tego właśnie bym chciała, czyli sadu z kwitnącymi drzewami na wiosnę.

I teraz, teraz, teraz dowiem się wreszcie na czym polega ten sekret. Warto było zostać, żeby odkryć, że te pierwsze trzy dni to tylko przygrywka, tylko wstęp do czegoś, co właśnie za moment ma się przede mną rozpocząć. O, Mistrz chyba już jest gotowy, żeby ponownie przemówić z kasety.

Wydaje mi się, że w powietrzu unosi się dreszcz oczekiwania. Inni uczniowie chyba też są ciekawi tego, co dzisiaj ma wreszcie nastąpić.

– *Observe...* – oznajmia Mistrz z kasety. – Obserwuj...

Obserwuję. I co dalej?

– Wszystkie problemy, z jakimi człowiek boryka się w życiu, mają swoje źródło w głębokich pokładach umysłu, w jego korzeniach. To jest miejsce tak żyzne, że nawet jeśli odetniesz z powierzchni to, co z niego wyrosło, wszystko odrasta na nowo. Dlatego nie możesz się wyzwolić. To właśnie było największym odkryciem Gautamy, czyli Buddy, który zrozumiał, że jeśli nie wyrwiesz korzeni swoich nieczystości, nie będziesz mógł stać się wolny. I on znalazł sposób, żeby tego dokonać. I stał się wolny, a potem z całą życzliwością i miłością zaczął się tym dzielić.

Znów Budda. A więc to nie jest żaden czysto naukowy i wolny od ideologii sposób, tylko metoda buddyjska. No dobrze, mniejsza z tym. Najważniejsze jest to na czym polega i czy rzeczywiście działa.

– Nigdy nie umieliście dostrzec rzeczywistości takiej, jaka ona naprawdę jest. A rzeczywistość w obrębie waszego ciała nieustannie się zmienia – ciągnął Mistrz z kasety. – Nie istnieje nic, co zawsze jest takie samo. Świadomość tego, że wszystko się przez cały czas zmienia w obrębie twojego ciała jest bardzo ważna. Dzisiaj zaczniecie się uczyć jak utrzymać swoją uwagę w obrębie swojego ciała. W ramach rzeczywistości, która objawia się od jednej chwili do następnej, od jednej chwili do następnej…

Teraz więc macie nauczyć się utrzymywać uwagę na rzeczywistości w obrębie waszego ciała. Obserwujcie… Obserwujcie… Nie podejmujcie żadnego działania, tylko obserwujcie… Fragment po fragmencie – odczucia na skórze waszego ciała. Zacznijcie od czubka głowy. Tylko obszar w rejonie czubka głowy… Czy doznajecie tam jakiegoś wrażenia? Jakiekolwiek jest to wrażenie – czy może łaskotanie… Czy może ciepło… Czy może zimno… Czy może inne wrażenie… Obserwujcie… Obserwujcie…

Nie wiem dlaczego, ale w tym momencie poczułam, że jestem gruszką, a z czubka głowy wyrasta mi ogonek. Zgodnie z zaleceniem zaczęłam mu się więc uważnie przyglądać.

Czy doznaję tam jakiegoś wrażenia? Nie, chyba nie. Mój czubek głowy jest chwilowo wolny od wrażeń.

Ale już posuwamy się dalej.

– Następnie przenieście uwagę na obszar w rejonie prawego ucha... Tylko obszar w rejonie prawego ucha... Czy doznajecie tam jakiegoś wrażenia? Jakiekolwiek jest to wrażenie – czy może łaskotanie... Czy może ciepło... Czy może zimno... Czy może inne wrażenie... Obserwujcie... Obserwujcie... Tylko obszar w rejonie prawego ucha...

I tak po kolei przez całe ciało. Nie wolno skakać z obszaru do obszaru. Należy się posuwać stopniowo po kolei. Powoli. Obserwować uważnie wrażenia pojawiające się na skórze. Dostrzegać je. Tylko patrzeć. Widzieć, że tam są. Nie reagować, nie oceniać, nie walczyć z nimi ani nie zastanawiać się czy są przyjemne, czy nie. Obserwować. Jak przybysz z kosmosu na nowej, nieznanej planecie swojego ciała. To ostatnie zdanie dodałam od siebie. Mistrz na pewno tego nie powiedział.

Wtedy zresztą nie starałam się zapamiętać jego słów. Nie robiłam notatek, nie nagrywałam. Chciałam się w pełni skoncentrować na osobistym przeżyciu zadania, jakie przede mną stoi. Nie miałam pojęcia co zdarzy się dalej i w ogóle się tym nie interesowałam.

Dopiero teraz z perspektywy kilku miesięcy odtwarzam to, co się stało, a słowa Mistrza znalazłam na nagraniach w Internecie. Bardzo pomogły w odświeżeniu mojej pamięci.

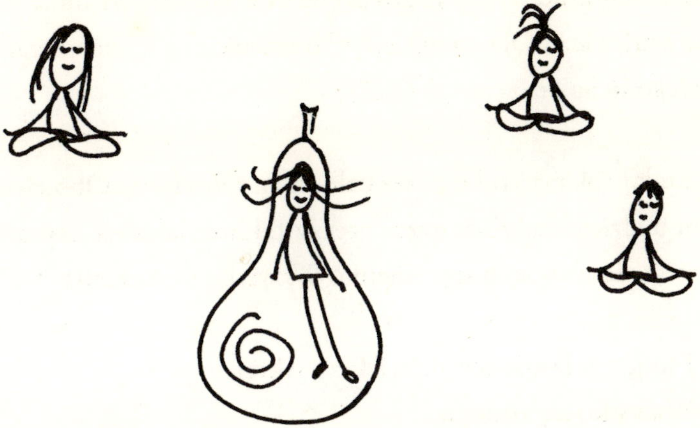

A więc jestem gruszką, a z czubka głowy wyrasta mi ogonek!

– Następnie przenieście uwagę na obszar w rejonie lewego ucha... – polecił Mistrz. – Tylko obszar w rejonie lewego ucha... Czy doznajecie tam jakiegoś wrażenia? Jakiekolwiek jest to wrażenie – czy może łaskotanie... Czy może ciepło... Czy może zimno... Czy może inne wrażenie... Obserwujcie... Obserwujcie... Tylko obszar w rejonie prawego ucha...

I tak krok po kroku przez całe ciało. Obserwuj. Obserwuj. Dzięki temu będziesz mógł dostrzec rzeczy takimi, jakie są naprawdę. Zrozumiesz, że wszystko się zmienia. Wszystko się zmienia.

I to jest właśnie ten największy sekret.

Wszystko się zmienia.

Nic nie jest takie samo.

Nie ma więc sensu przywiązywać się do czegokolwiek, ponieważ nic nie jest takie, jak było przed chwilą.

I to właśnie stąd biorą się „nieczystości" w „korzeniach twojego umysłu" – tak oznajmił Mistrz.

Z przywiązania do czegoś, co chciałabyś, żeby było jakieś, tymczasem to coś jest takie, jakie jest, i za chwilę pewnie będzie inne.

To jest buddyjska filozofia o nietrwałości wszystkiego, co jest i o tym, że z przywiązania do tych nietrwałych spraw bierze się cierpienie. Chodzi o to, że w codziennym życiu ludzie chwytają się pewnych pojęć albo przedmiotów i nadają im wielkie znaczenie, uzależniając od nich swoje samopoczucie. Czyli ścigają coś, co wydaje im się upragnione – na przykład zdobycie jakiejś pozycji, osiągnięcie jakiegoś wyznaczonego celu, wyjście za mąż, przeprowadzka do innego kraju albo do nowego domu – i wiążą z tym podświadome oczekiwania, myśląc, że kiedy to się wreszcie stanie, poczują się szczęśliwi i spełnieni. Nie zdają sobie zupełnie sprawy z tego, że taka pogoń nigdy się nie kończy i nigdy nie przynosi zaspokojenia. To są właśnie te „nieczystości" w „korzeniach umysłu".

Zmuszają cię do pogoni za następnymi zdobyczami, przez co jesteś wiecznym niewolnikiem różnych podświadomych pragnień. Czyli nie jesteś wolny, bo twoja dusza jest zniewolona żądaniem czegoś, co uważa za niezbędne do szczęścia.

Budda twierdził, że tak długo jak jesteś w taki sposób zniewolony, będziesz cierpiał, a twoja dusza nie może osiągnąć nirwany, czyli stanu wiecznego spokoju i radości.

Czyli co?...

Przyjechałam tutaj, żeby dowiedzieć się o naukach Buddy, które doskonale znałam?...

Gdzie jest to objawienie? Gdzie jest ta wielka tajemnica, która miała nam zostać dzisiaj objawiona?...

Czy na tym ma polegać ten nowy, genialny, naukowy sposób pracy z umysłem? Że będę obserwować „obszar w rejonie mojego prawego ucha", żeby stwierdzić czy pojawiają się w nim jakieś wrażenia?...

Czy chodzi o to, żebym posiadła umiejętność bezstronnego obserwowania mojego ciała? Po to, żeby pojąć, że pojawiają się w nim różne odczucia i wrażenia, a ja mam tylko rejestrować ich obecność, ale ignorować to, że są?

Tak. O to właśnie chodziło.

Po dziesięciu godzinach pod koniec dnia Mistrz oznajmił, że jutro będziemy kontynuować obserwowanie wrażeń pojawiających się w różnych rejonach naszego ciała, a następnego dnia będziemy się uczyć ignorowania różnych chęci, jakie wysyła do nas nasz „nieczysty" umysł.

Na przykład kiedy ścierpnie ci noga podczas siedzenia na podłodze po turecku, to tak naprawdę wcale nie chodzi o to, że masz ścierpniętą nogę. Prawda jest taka, że to „nieczystości w twoim umyśle" usiłują odwrócić twoją uwagę od skoncentrowania się na medytacji.

– *You can rest now… You can rest now*[26]… – zakończył jak zwykle podwójnie Mistrz.

Wstałam z twardej, wyślizganej poduszki.

To był wieczór czwartego dnia.

Padłam na łóżko w mojej celi.

---

[26] *You can rest now* – (ang.) Możecie teraz odpocząć.

ROZDZIAŁ 39

Bez końca

Czwarta rano.

Dzwonek.

Leżę pod ciężkimi kocami.

Trudno wstać.

Za mało snu.

Usiłowałam nadrobić sen poprzedniego dnia podczas przerwy na śniadanie. To jest właściwie jedyny moment, kiedy mogłabym to zrobić. Ale zjeść śniadanie i położyć się z pełnym żołądkiem? Nie da się spać. A może nie jeść śniadania i pójść spać na głodno? Ale stracić jeden cenny posiłek?

Rano jest śniadanie, potem w południe jest lunch. Dobre, wegetariańskie jedzenie na ciepło. Po południu jeszcze garść prażonego ryżu z orzeszkami. Dwa posiłki dziennie. Więcej mi właściwie nie potrzeba, ale mniej nie chciałabym mieć.

No i pytanie – czy rezygnuję z jedynej możliwości umycia się w ciepłej wodzie?

Kąpiel czy godzina snu?

Zjadłam śniadanie i zakopałam się w koce. Zasnęłam natychmiast. Nie słyszałam dzwonków wzywających do medytacji. Ani pierwszego, ani drugiego, ani tego rozkazującego dla opieszałych. Obudziłam się dopiero kiedy Strażniczka Hinduska szarpnęła za koc. Otworzyłam oczy i zobaczyłam, że stoi nade mną z pytającym wzrokiem.

– Och, przepraszam, przepraszam! – wyjąkałam zaskoczona, wyskoczyłam z łóżka i pobiegłam do Sali Medytacyjnej.

W planie przewidziano siedem godzin snu dziennie. Od dziewiątej wieczorem do czwartej rano. Już kiedy po raz pierwszy czytałam rozkład zajęć, wiedziałam, że mogę mieć z tym kłopot. Tak po prostu jest, że niektórzy ludzie potrzebują mało snu, a inni więcej. Znam ludzi, którym wystarcza sześć godzin. Ja śpię dziesięć i dopiero wtedy czuję, że jestem wyspana – mój umysł pracuje, kojarzy, jestem w stanie się skupić i mam dobre samopoczucie.

Kiedy śpię za mało, jest mi ciągle zimno, jestem głodna, nie mogę zebrać myśli, a proste sprawy urastają do bardzo skomplikowanych.

I chociaż teoretycznie żal mi czasu i wolałabym te kilka godzin dziennie wykorzystać inaczej, to dbam o to, żeby spać tyle, ile potrzebuje mój organizm. I naprawdę śpię codziennie przez dziesięć godzin. Od razu więc wiedziałam, że ta zbyt krótka noc może być dla mnie trudna, ale pomyślałam, że może podczas medytacji czas biegnie inaczej, a poza tym podczas tych dziesięciu dni zmienia się cały tryb życia, więc może te siedem godzin są nieprzypadkowe i może ktoś to tak wymyślił i zaprojektował kompleksowo dla ciała, umysłu i duszy.

Ale nie. Te siedem godzin snu to było za mało. Codziennie czułam to mocniej i bardziej wyraźnie, ale ze wszystkich sił starałam się nadążyć i gdzie tylko mogłam, nadrabiałam choćby krótką drzemką.

Tak jak teraz. Strażniczka Hinduska wskazała na drzwi. Pobiegłam do Sali Medytacyjnej. Zajęłam miejsce. Skrzyżowałam nogi, zdjęłam okulary, zamknęłam oczy.

Ciemność.

Czas.

Przestaje płynąć i w ogóle przestaje mieć znaczenie.

– Buuuuuuuuu... – zaczyna Mistrz z kasety magnetofonowej.

Śpiewa i recytuje w niezrozumiałym języku. Pani Nauczycielka na białym tronie jak zwykle milczy.

Potem instrukcja.

Dzisiaj też obserwujemy po kolei poszczególne obszary naszego ciała.

– Tylko obserwuj – podkreśla Mistrz. – Obserwuj jakie wrażenia pojawiają się w tym obszarze. Nie czekaj na nie, nie próbuj ich wywoływać. Tylko obserwuj. *Just observe.*

W ten sposób zrozumiesz, że wszystko jest nietrwałe, ulega ciągłym zmianom. Tak jest w kosmosie, tak jest na Ziemi, tak jest w twoim ciele i tak jest w twoim życiu. A kiedy to zrozumiesz, to odkryjesz wielką tajemnicę, która pozwoli ci uwolnić się od cierpienia. Bo zamienisz się w obserwatora zamiast być uczestnikiem, który wiecznie zajmuje stanowisko wobec określonych spraw.

Filozofia buddyjska.

– Buuuuuuuuuuuu... – Mistrz śpiewa dłużej niż zwykle.

Czekam aż skończy, bo mam wrażenie, że jego głos przeszkadza mi w medytowaniu.

Piąty dzień.

Czuję się jak więzień. Nie z powodu żelaznych kłódek i dzwonków regulujących rozkład dnia. Raczej dlatego, że nie jestem w stanie odpowiednio o siebie zadbać. Mój organizm domaga się snu. Czuję się zmęczona, rozdrażniona, a potem przychodzi taki moment, kiedy już wszystko staje się nieważne z wyjątkiem jednego: ja chcę spać!!! Chcę odzyskać siły. Chcę poczuć, że znów jestem sobą, bo kiedy za mało śpisz i twój wewnętrzny system zostaje zachwiany i rozregulowany, to stopniowo w coraz większym chaosie pogrąża się nie tylko twoje ciało, ale i dusza oraz umysł. I wtedy nic już nie jest ważne, tylko to, żeby odzyskać wewnętrzną równowagę organizmu.

Spać, spać. Ale poczekaj. Przecież medytacja jest także stanem pewnego wyciszenia sprzyjającego regeneracji, więc spróbuję jeszcze raz.

– Musisz pracować bardzo ciężko... bardzo ciężko – zachęcał Mistrz z kasety. – Pilnie... Dokładnie... Cierpliwie... I wytrwale... Obserwuj... Obserwuj... Tylko obserwuj wrażenia pojawiające się w różnych częściach twojego ciała...

Przeziębiona Miss Izraela obok mnie kręci się niespokojnie. Ma spuchnięte, czerwone oczy, tak jakby płakała. Wzdycha. Prostuje nogi. Strażniczka Hinduska zjawia się jak duch i gestem pokazuje, że musi je podkurczyć. Zabiera jej butelkę z wodą i rolkę papieru toaletowego, w który dmuchała nos.

Ktoś kaszle.
Zamykam oczy.
Ciemność.
Czas.
Bez końca.

ROZDZIAŁ 40

Odchodzę!

Sama nie wiem.

Może gdyby wydarzenia tego dnia przebiegły inaczej, to podjęłabym zupełnie inną decyzję?...

Ale stało się coś dziwnego.

Mistrz nie przestał śpiewać! Niespodziewanie jego melodeklamacje w starobuddyjskim języku zaczęły wylewać się z głośników w każdym zakątku ośrodka. Już nie tylko na początku i na końcu każdej medytacji we wspólnej sali. Mistrz śpiewał też podczas śniadania i podczas przerwy! Spojrzałam tylko tęsknym wzrokiem na kocioł z gorącą wodą rozdzielaną przez Strażniczkę Hinduskę i położyłam się spać, żeby trochę odzyskać siły.

– Buuuuuuuu…. – śpiewał Mistrz technicznie wzmocniony mechanicznymi głośnikami.

– Aaaaaaaaa!!!! – krzyczały moje myśli.

Co on śpiewa? Co oznaczają te słowa? Jaki komunikat zostaje umieszczony w moim podświadomym umyśle?

Miałam do niego ograniczone zaufanie. W końcu znaliśmy się zaledwie od pięciu dni. Domyślałam się, że śpiewa mantry buddyjskie, problem jednak polegał na tym, że nie brzmiały dla mnie łagodnie i kojąco, a wprost przeciwnie. Miałam ochotę uciekać przed nimi. Przeszkadzały mi, rozbijały spokój, drażniły. I oto właśnie jak stado drażniących owadów spłynęły na ośrodek i rozpierzchły się po nim, docierając do każdego najmniejszego zakamarka.

Ale to jeszcze nic.

Mniej więcej pół godziny później – czyli pewnie tyle, ile trwało zorganizowanie megasprzętu i podjechanie z nim pod mury ośrodka – w odpowiedzi ryknęła muzyka dyskotekowa!!! Ta sama co wcześniej!

– Łup, łup, łup!!!! – grzały komputerowe bity.

– Bum, bum, bum!!!! – waliły podkręcone basy.

– Hiiiii, hiiiiiiiiiiii, hiiiiiiiiiiiiiiiiiiiiii!!!!! – wtórowały im szalone piłujące dźwięki.

Wyobrażasz sobie?

Buddyjskie melodeklamacje wygłaszane z namaszczeniem beczącym głosem zderzyły się nagle w powietrzu z agresywnym, dyskotekowym, house'owym brzmieniem. Jedno i drugie rozkręcone na maksa. Starły się wściekle nad ośrodkiem i zaczęły na siebie napierać.

Aaaaaaa!!!!!!

Totalny chaos, szalony hałas i dwie sprzeczności, które stanęły do walki ze sobą jak dwóch bokserów z różnych krańców świata. Jeden natchniony, wykształcony i wyćwiczony w cierpliwości, a drugi mechaniczny, niecierpliwy, szarpany sprzecznościami.

I bum! Zderzają się jak rozpędzone koguty. I łup! Ścierają się w bitewnym uścisku. Napierają, atakują, nie ustępują, aaaaaaaaaaa!!!!!

Nie wiem skąd się wzięła ta dyskotekowa muzyka. Domyślam się, że być może okoliczni mieszkańcy nie byli zadowoleni z tego, że powstał tu taki ośrodek medytacji. Może przeszkadzały im głośne buddyjskie mantry odtwarzane godzinami z magnetofonu. A może mieli inny powód. A może to wcale nie oni, tylko ktoś inny. Nie wiem.

Wiem tylko, że piątego dnia z głośników w całym ośrodku zaczęto nadawać melodeklamacje Mistrza i prawie jednocześnie ktoś z zewnątrz zaczął je zagłuszać.

A my potulnie siedzieliśmy wewnątrz wysokich murów, przeprowadzając „operację na naszych umysłach" – jak by się wyraził Mistrz.

I wtedy pomyślałam, że mam dość.

Nie chcę dłużej być więźniem czegoś, czego nie rozumiem.

Chcę być w stanie zadbać o dobry stan mojego organizmu. Potrzebuję więcej snu.

Potrzebuję słońca!

Nie chcę dłużej siedzieć w zimnej, ciemnej, ponurej sali. Tym bardziej, że po pierwszych zimnych dniach zrobiło się cudownie ciepło!

Czwarta rano!

Pobudkaaaaa!!!!

Marsz na medytację!!!!

Kiedy wychodziłam na dwór po porannej medytacji o szóstej rano, było już jasno, śpiewały ptaki i cały świat cieszył się z ożywczej mocy słońca. Tęskniłam za nim! Nie wystarczały mi pięciominutowe przerwy. Czułam, że zmierzam w niewłaściwym kierunku i nie miałam zamiaru czekać ani chwili dłużej.

Odchodzę!!!
Odchodzę do słońca, spokoju, wewnętrznej równowagi i wolności.
Och, tak!!!!!

Mistrz przestał śpiewać.
Dyskotekowa muzyka zgasła.
Zapadła cisza.
Dzwonek.

W codziennym rozkładzie zajęć jest przewidziana możliwość prywatnej rozmowy z Panią Nauczycielką. Można to zrobić podczas przerwy na lunch. Tak zrobię. Powiem jej, że chociaż podjęłam decyzję o rozpoczęciu kursu uczciwie i z pełną świadomością tego, co robię, to jednak zrozumiałam, że to nie dla mnie. Inaczej to sobie wyobrażałam. Źle się tu czuję i dlatego odchodzę. Przepraszam, dziękuję i do widzenia.

Co za ulga!
Poczułam się lekka i radosna.
Och, nareszcie!
Nie mogłam się doczekać.

Trzygodzinna medytacja po przerwie śniadaniowej.

Dzwonek.

Pani Nauczycielka jak zwykle bez słowa wstaje, odwraca się plecami i znika.

Halo, zaraz! Mam ważną sprawę!

Pani Nauczycielko, gdzie pani jest?!...

W sali została tylko cisza. Wielka, chłodna i pocięta na dwadzieścia kilka pustych, płaskich poduszek rozłożonych na podłodze.

ROZDZIAŁ 41

Dzwonek. Medytacja. Dzwonek

Otworzyłam usta, ale pani Solanki Kula natychmiast obronnym gestem uniosła dłoń, a potem schyliła głowę, odwróciła się i pośpiesznie odeszła.

Znalazłam ją po obiedzie. Szła z kubkiem w ręce. Ale nie zdążyłam niczego powiedzieć ani zapytać kiedy będę miała możliwość i zaszczyt spotkania jej na prywatnej rozmowie, bo uciekła. No tak, odzywanie się jest przecież zabronione. Tylko jak w takim razie mam zgłosić, że potrzebuję z nią porozmawiać, skoro nie spotkałam jej w czasie i miejscu wyznaczonym na takie okoliczności?

Może nadarzy się okazja. Będę czujna. Czasem po wieczornym wykładzie można o coś zapytać. Spróbuję. A na razie usiądę sobie na betonowym murku, zdejmę puchową kurtkę, polar i jedną bluzkę z długimi rękawami. Och, jak cudownie!

Wystawiłam twarz do słońca.

Jak bosko!

Czułam się jak roślina, której odcięto dostęp do dziennego światła. Miałam takie dziwne wrażenie, że wewnętrznie zaczynam gasnąć, usychać, że czegoś mi dramatycznie brakuje.

Słońce!!! Ach, jak dobrze! Ożywam, oddycham, nareszcie!!!...

Miss Danii o skomplikowanym imieniu pierwszego wieczoru mówiła, że w tym roku o tej porze jest wyjątkowo zimno. I że to się może lada moment zmienić, i wtedy nagle zrobi się bardzo ciepło. I tak właśnie się stało!

Rano nie było już lodowato, a tylko zwyczajnie chłodno. Około dziewiątej nadchodził upał. Ach! Jak cudownie było zdjąć buty, kalesony, dwie pary skarpetek i zostać w samych lekkich spodniach dresowych, które kupiłam specjalnie na tę medytację w Kalkucie!

Miss Norwegii miała prześliczny sweter w norweskie wzory i równie fantastyczne grube, wełniane skarpety. Podczas przerw zdejmowała je z nóg i chodziła boso. Wkładała je znów przed wejściem do sali, bo tam było zawsze zimno i ciemno.

Dzwonek.

Medytacja.

Dzwonek.

Pięć minut przerwy.

Dzwonek.

Medytacja.

Dzwonek.

Pięć minut przerwy.

Dzwonek.
Medytacja.
Pięć minut przerwy.

Dzwonek.
Przerwa na podwieczorek.

Dzwonek.
Medytacja.
Dzwonek.

Tak minął czas od pierwszej po południu do siódmej wieczorem.

Czas na wieczorny wykład Mistrza z kasety wideo.

A potem szansa na rozmowę z Panią Nauczycielką.

Prawie.

Bo wszystkie rozmowy z Panią Nauczycielką odbywały się w sali medytacyjnej, czyli w obecności innych osób. Szeptem. Pod presją czasu.

Zapytałam tylko czy jutro podczas przerwy na lunch mogę przyjść na rozmowę. Było późno i ciemno. Po wykładzie Mistrza do Sali Medytacyjnej przyszło kilka osób z dodatkowymi pytaniami. Była też Miss Izraela, która ciągle się kręciła, pociągała nosem i myślę, że często płakała.

To nie był dobry czas na rozmowę. Dlatego nie czekałam, umówiłam się tylko na jutro i czym prędzej poszłam spać.

ROZDZIAŁ 42

Do słońca!

Dzwonek.
Czwarta rano.
Nie wstaję.

No co ty, wstań, przecież jest czwarta rano!
Nie wstaję. Chcę spać!!! Jestem zmęczona.
– Wstawaj!!! – krzyczy dzwonek.

Strażniczka Hinduska pewnie obserwuje za którymi drzwiami pojawia się światło i ruch. Jeśli nie wstajesz wystarczająco szybko, przychodzi z dzwonkiem pod twoje drzwi.
– Wstawaj!!!!! Wstawaj!!!!!! – wrzeszczy dzwonek.
Dobra, wstaję.

Zapalam światło. Dzwonek milknie.

Myję twarz i zęby w lodowatej wodzie, narzucam na plecy koc.

Jestem ostatnia.

Zajmuję moje miejsce, krzyżuję nogi, zdejmuję okulary, zamykam oczy.

– Buuuuuuuu!...... – zaczyna Mistrz swoją melodeklamacyjną modlitwę.

Dam radę.

Serce mi wali jak szalone. Stuka w takim niespokojnym rytmie, jakby wypadło z szyn i usiłowało znaleźć coś, czego mu niezbędnie brakuje albo nadrobić jakieś dramatyczne spóźnienie.

Zawsze tak jest kiedy za mało śpię. Po jednej zarwanej nocy jeszcze jakoś daję radę, ale kiedy zaczynają się kumulować, to po prostu tracę chęć życia, trzęsę się pod zimnymi dreszczami, a moje serce wpada w szalony galop.

Spać, spać, spać!

Albo przynajmniej zatopić się w wewnętrznej medytacji.

Chciałabym, ale nie mogę. Bo Mistrz nie przestaje śpiewać, a jego słowa w niezrozumiałym języku kłują mnie jak drzazgi.

Wzdycham. Czekam.

Krótkowłosa zakatarzona Miss Izraela obok mnie też wzdycha. Zmienia pozycję. Pociąga nosem.

Damy radę.

Dzwonek.

Przerwa.

Śniadanie.

Cudowny, ciepły, rozświergotany dzień na dworze, ale ja wracam do mojej zimnej celi i kładę się spać pod dwoma ciężkimi kocami.

Dzwonek. Ale znów go nie słyszałam.

Nie, naprawdę, zostawcie mnie w spokoju. Ja muszę spać.

Chowam się pod kocami razem z głową, zamykam oczy, zapadam w ciepłą ciemność... Dzwonek!!!!

Tuż nad moimi uszami!!!

Strażniczka Hinduska nie daje za wygraną!

Dobrze.

Ostatni raz.

Pójdę na medytację. A potem do widzenia.

– Buuuuuuuu!!!!!! – śpiewa Mistrz coraz dłużej i dłużej. Deklamuje słowa swoich modlitw, rozciąga je, rozwiesza je na sekundach i minutach upływającego czasu. Nie przestaje.

Mam dość, naprawdę. Chcę odpocząć, zaznać spokoju.

I właściwie...

No właściwie nikt mnie przecież tutaj nie trzyma!!!

Hurra!!

Przecież to ja podejmuję decyzje o tym co robię i gdzie jestem. O tym czego słucham, czym się zajmuję i jak długo śpię. Hurraaaa!!! Przecież jestem wolnym człowiekiem!!! Mogę po prostu wstać i wyjść!!!

Wstać i wyjść! Po prostu!

Otwieram oczy.

Patrzę w ponurą ciemność sali na podwyższenie z białym tronem, Panią Nauczycielkę jak zwykle zastygłą bez ruchu, kolegów i koleżanki uczniów.

A potem cichutko wstaję, otwieram drzwi i wychodzę na wolność!!!

Cudowne uczucie!!!

Świeci słońce! Jest ciepło! Śpiewają uradowane ptaki, och, jak bosko!!!

Oddycham głęboko, zrzucam z siebie gruby koc, zdejmuję polar.

Nareszcie!

Wolność!

Ciepło! Światło!

Och, jak dobrze!

Serce wciąż tłucze się we mnie niespokojnie. Na spacery przyjdzie czas później. Teraz muszę położyć się spać. Natychmiast. Do przerwy na lunch została pewnie ponad godzina. Super. Spać, spać, spać.

Zakopuję się w kocach na moim łóżku, zamykam oczy, już, już, już odpływam w sen...

Szarpnięcie. Strażniczka Hinduska zdejmuje ze mnie koc. Po prostu. Patrzymy na siebie ze zdumieniem. Ja zdumiona tym, że ona mnie tak szybko znalazła, a ona zdumiona tym, że ja odważyłam się położyć spać w trakcie trwania medytacji. Nic nie wolno mówić. Ona pokazuje, że mam wracać do sali, a ja kręcę przecząco głową.

Przykrywam się z powrotem kocem, a ona znów go ze mnie zdejmuje. I to wszystko bez słów! Komedia!

– Nie pójdę! – oświadczam wreszcie. – Chcę spać!

Złamałam nakaz milczenia! Ale naprawdę, mam dość. Kładę się zdecydowanym gestem, odwracam się plecami. Strażniczka znika. Co za ulga!

Zdążę złapać jeszcze godzinę snu, a potem powiem Pani Nauczycielce, że jest mi bardzo przykro, ale źle się tu czuję i podjęłam decyzję o przerwaniu kursu. I już. Spać! Spać! Spać!

Oddycham z ulgą, zamykam oczy, zasy…

No nie! Skrzypią drzwi. Strażniczka Hinduska! Chwyta za koc, ściąga go ze mnie i pokazuje, że mam iść do sali na medytację.

– Nie chcę! – wyjaśniam i chwytam się za serce. – Boli mnie! Muszę odpocząć!

– Nie, nie! – upiera się w milczeniu dziewczyna. Kręci głową, macha rękami.

– Nie pójdę! – oświadczam. – Przyjdę później, żeby porozmawiać z Panią Nauczycielką.

– Tak, tak! – ożywia się Strażniczka. – *Teacher! Teacher! Now! Now!*[27]

– Teraz? – upewniam się. – Teraz Pani Nauczycielka chce ze mną rozmawiać?

– Tak, tak! Teraz! Teraz!

– W takim razie dobrze – odrzucam koc, wkładam buty.

Jeśli Pani Nauczycielka życzy sobie rozmawiać ze mną już teraz, oczywiście chętnie jej wszystko wyjaśnię. Idę!

---

[27] *Teacher! Teacher! Now! Now!* – (ang.) Nauczycielka! Nauczycielka! Teraz! Teraz!

Wchodzę do sali.

Strażniczka z ulgą zajmuje swoje miejsce w pierwszym rzędzie. A ja co?... Pani Nauczycielka siedzi niedostępna na białym tronie. Nawet chyba na mnie nie patrzy. Strażniczka wskazuje mi moją poduszkę. Siadam. Krzyżuję nogi. Zamykam oczy. Ale nie! Ja już nie chcę! Nie, nie, nie! Dla mnie ten kurs już się skończył! Chcę na światło! Na słońce! Do życia!

Wstaję i wychodzę.
Zamykam za sobą drzwi.
Oddycham.

Naprawdę. Pozwólcie mi żyć. Ja wam nie przeszkadzam w robieniu tego, co chcecie robić, więc wy też zostawcie mnie w spokoju.

Wracam do łóżka. Wtulam się w cuchnące koce, uśmiecham się do siebie i zasypiam. Na mniej więcej piętnaście minut. Bo tyle potrzebowała Strażniczka Hinduska, żeby dostać nowe polecenie i przybyć z jego realizacją.

ROZDZIAŁ 43

Na stole operacyjnym

Właściwie jest mi jej żal. Młoda, energiczna, pulchna dziewczyna z warkoczami. Ma wesołe spojrzenie i pewnie zwykle głośno się śmieje. Ale nie tutaj. Bo tutaj jest służącą Pani Nauczycielki, sprzątaczką i strażniczką. Do jej obowiązków należy też codzienne poranne grzanie wody w dużym kotle nad ogniskiem i wydzielanie jej w milczeniu uczestniczkom kursu, które przychodzą z własnym wiadrem, żeby potem się w nim umyć.

To ona musi pierwsza wstać, żeby uderzać w dzwonek o czwartej rano. I ona musi dopilnować, żeby wszyscy stawili się punktualnie w Sali Medytacyjnej. Ona na polecenie Pani Nauczycielki podchodzi, żeby kazać podkurczyć nogi, wyprostować plecy albo przestać się opierać na rękach. Ona biegnie z jedzeniem kilka razy dziennie po tajemniczej ścieżce prowadzącej do małego domku, gdzie – jak się domyślałam – znajduje się prywatna kwatera Pani Nauczycielki.

No i ona musi wkroczyć do celi krnąbrnych albo leniwych, żeby zerwać z nich koc i zmusić do przyjścia na medytację. Takie najwyraźniej dostała wskazówki kiedy zgłosiła się na ochotnika do pracy przy tym kursie.

Stoi teraz nade mną z prosząco-zdesperowanym wyrazem twarzy.

– Co? – pytam nieprzytomnie, wyrwana ze snu szarpnięciem za koce.

– *Teacher. Now.*[28]

– Nauczyciel? – upewniam się. – Na pewno?

– *Yes, yes!*

Idę.

Strażniczka prowadzi mnie prosto do białego domku. Na betonowym podejściu leży dywanik.

– *Sit here* – mówi Strażniczka. – *Wait.*[29]

Siadam na dywaniku, krzyżuję nogi i czekam. Strażniczka wystawia na zewnątrz krzesło. I odchodzi.

No to czekam.

Nareszcie. Zaraz będę mogła się spakować i wyjechać. Wrócę do Varanasi, znajdę lepszy hotel i pójdę na masaż. Och, prawdziwy ajurwedyjski masaż ciepłymi olejkami!!! Zamiast twardej pryczy z cuchnącymi kocami, odrapanych ścian i twardej podłogi poczuję słodki zapach kwiatów i kojący dotyk masujących palców. Będzie cudownie!

---

[28] *Teacher. Now* – (ang.) Nauczyciel. Teraz.

[29] *Sit here. Wait* – (ang.) Usiądź tutaj. Czekaj.

Czekam cierpliwie. Mam czas. Przeproszę Panią Nauczycielkę, że zmieniłam zdanie, podziękuję, że zechciała ze mną rozmawiać, a potem poinformuję ją, że odchodzę. I już. Wrócę do słońca, wolności i wewnętrznej równowagi. Zostanę jeszcze przez parę dni w Varanasi, będę się cieszyć ciepłem, życiem, rzeką. A potem jeszcze nie wiem. Coś wymyślę.

Usłyszałam szuranie.

Pani Nauczycielka! Weszła do swojego domku od drugiej strony, spędziła chwilę w środku, a potem pojawiła się w drzwiach przede mną. A raczej nade mną, bo ja siedziałam na dywaniku rozłożonym na ziemi. Bez słowa zajęła miejsce na krześle. Spojrzała na mnie z góry.

– *Namaste, madame*[30] – zaczęłam z uśmiechem. – Dziękuję, że zgodziła się pani ze mną porozmawiać.

Skinęła głową.

– Przykro mi, podjęłam decyzję o zaprzestaniu uczęszczania na kurs. Przepraszam. Kiedy zapisałam się na ten kurs, podjęłam uczciwą i świadomą decyzję. Chciałam nauczyć się czegoś nowego o moim umyśle. Nie wiedziałam jak to będzie wyglądało – tylko tyle, ile przeczytałam w Internecie. Myślałam, że to będzie coś bez religii, bez ideologii, oparte na wolnych myślach, że to będzie nowy sposób używania umysłu. Dopiero tutaj drugiego dnia zorientowałam się, że to jest czysto buddyjska ideologia.

– Ale przecież to nie jest religia!

– Jest to określona ideologia razem z buddyjskimi rytuałami, buddyjskimi mantrami, buddyjskimi słowami, buddyjskim sposobem

---

30 *Namaste* – pozdrowienie, przywitanie w języku hindi.

siedzenia i buddyjskim wszystkim. Ja nie chcę mieć niczego wspólnego z żadną ideologią. Drugiego dnia pomyślałam, że może poczekam, może mimo tych buddyjskich rytuałów nauczę się czegoś nowego, potrzebnego, ważnego. Trzeciego dnia chciałam odejść. Czwartego dnia chciałam odejść. Piątego dnia chciałam odejść. A dzisiaj jeszcze na dodatek mam problem z sercem z powodu braku snu i odpoczynku. Kiedy nie śpię tyle, ile potrzebuję, serce zaczyna mi bić nieregularnie, ciężko, a ja po prostu czuję się chora.

– Ale zostały ci tylko cztery dni! – odrzekła Pani Nauczycielka. – Tylko cztery dni! Dziewiąty i dziesiąty dzień są łatwe, bo przygotowujemy się do następnego kursu. Zostały tylko cztery dni! To dla ciebie wielka szansa! Nikt inny nie naucza tej medytacji, tylko Gautama Budda!

– Rozumiem – odrzekłam cierpliwie i spokojnie. – Ale ja nie czuję się tutaj dobrze. Chcę odejść.

– Ale słuchaj, zostały ci tylko cztery dni! – powtórzyła Pani Nauczycielka. – To jest naprawdę wielka szansa, bardzo ważne zadanie!

– *Madame.* Nie czuję się tutaj dobrze. Chcę odejść.

– Ale zapisałaś się na dziesięć dni. Nie mogę pozwolić ci odejść!

Wyobraź sobie.

Siedzisz po turecku na wycieraczce i usiłujesz rozmawiać z kimś, kto siedzi wyprostowany na krześle i raczy rzucić na ciebie w dół surowe, niezadowolone spojrzenie. Już na samym wstępie jesteś kimś malutkim u stóp kogoś posiadającego nad tobą władzę.

Trudno jest w takiej sytuacji brzmieć przekonująco. Musisz zadzierać głowę, żeby patrzeć na twarz swojego rozmówcy – trochę jak dziecko wobec mocarnej osoby dorosłej. A Pani Nauczycielka spogląda na mnie w dół z pewną odrazą.

Ale nic. Spróbuję jeszcze raz.

Cierpliwie, spokojnie, z uśmiechem. Nie chcę jej przekonywać, prosić ani tłumaczyć się z niczego. Jesteśmy obie dorosłe. Zamierzam zakomunikować moją decyzję w możliwie najbardziej przyjazny, grzeczny i uprzejmy sposób.

A więc:

– Wtedy podjęłam świadomą i uczciwą decyzję o tym, że zapisuję się na kurs. Teraz podejmuję równie świadomą i uczciwą decyzję o tym, że chcę go przerwać. Wtedy podjęłam decyzję na podstawie tego, co wiedziałam w teorii. Teraz po pięciu dniach opieram moją decyzję na tym, czego doświadczyłam w praktyce. Chcę odejść.

– Nie możesz odejść – oświadczyła Pani Nauczycielka.

– Mam problemy z sercem – dodałam, co było czystą prawdą. – Z powodu zbyt małej ilości snu.

– Jedna godzina medytacji zastępuje osiem godzin snu! – oświadczyła twardo Pani Nauczycielka.

O rety, rety! – pomyślałam. Chyba w ogóle się nie rozumiemy! Jak mam rozmawiać z kimś, kto wydaje się nie słyszeć tego co mówię, siedzi na krześle powyżej mojej głowy i patrzy na mnie z góry z niechęcią i czymś w rodzaju obrzydzenia.

Spokojnie! – odpowiedziałam sobie od razu. Nie mogę okazać zniecierpliwienia, muszę zachować absolutnie pogodne nastawienie,

– Please, please, please,
Pani Nauczycielko!

– Nie! Ja nie pozwalam
ci odejść!

życzliwość i uprzejmość. Nie sprzeczać się, nie podważać jej zdania, tylko wysłuchać z uwagą jej opinii, po czym przedstawić własną.

Odczekałam chwilę, żeby jej słowa miały szansę wybrzmieć.

– Ludzie są różni – odpowiedziałam z uśmiechem. – Dla jednej osoby godzina medytacji zastępuje osiem godzin snu, dla innej nie. Dla mnie nie. Dlatego właśnie muszę zaopiekować się sobą. Czuję się chora.

– Tutaj jesteś pod dobrą opieką! – odparła Pani Nauczycielka.

– *Madame* – poprosiłam spokojnie i grzecznie. – Chcę odejść.

– Nie możesz odejść – odrzekła. – Ja nie pozwalam ci odejść!

Zamrugałam ze zdumienia, ale znów uśmiechnęłam się spokojnie i odrzekłam:

– *Madame*, nie może mnie pani tu zatrzymać wbrew mojej woli.

– Nie pozwalam ci odejść! – powiedziała surowo Pani Nauczycielka. – Zostały ci tylko cztery dni. To dla ciebie wielka szansa! Nikt inny nie naucza tego rodzaju medytacji! Nikt inny!

– Straciłam motywację – odrzekłam. – Straciłam wiarę w ten kurs. Jestem zmęczona. Proszę panią. Chcę odejść.

– Nie pozwalam ci odejść! Cała ta rozmowa jest niepotrzebna! Tylko marnujesz mój czas!

Otworzyłam szeroko oczy ze zdumienia. Jako uczniowi nie wolno mi mieć wątpliwości? Bo jeśli je mam, to marnuję czas Pani Nauczycielki?? Patrzyłam na nią do góry i czułam się tak abstrakcyjnie kosmicznie dziwnie, jakbym była szczeniakiem na dywaniku pod drzwiami swojego pana. Niewiarygodne!

Zapada cisza. Jestem zdumiona tym wszystkim, ale wiem tylko jedno: chcę być do końca spokojna, grzeczna i okazać szacunek. Nie ze strachu i nie dla manipulacji. Po prostu dlatego, że wierzę w to, że tak właśnie należy się zachowywać *zawsze*, bo tylko wtedy mam prawo oczekiwać, że ktoś zachowa się tak samo wobec mnie.

– To jest operacja na otwartym mózgu! – oświadcza Pani Nauczycielka, a ja czuję jak po krzyżu biega mi zimny dreszcz. – Żaden chirurg nie może pacjentowi pozwolić zejść ze stołu operacyjnego podczas trwania zabiegu!

– Może – odpowiadam od razu i chyba zbyt szybko. – Pacjent może wyjść ze szpitala na własne życzenie i podpisuje wtedy oświadczenie, że bierze odpowiedzialność za konsekwencje własnej decyzji. I w życiu...

– Nie! – przerywa mi Pani Nauczycielka. – Nie na stole operacyjnym! To niemożliwe!

Aż mnie zatkało, a Pani Nauczycielka wytoczyła ostatni argument:

– Mogę teraz wezwać policję! I zgłosić, że złamałaś podpisaną przez siebie umowę, bo zobowiązałaś się, że zostaniesz tu przez dziesięć dni!

– *Pani* może wezwać policję? – powtórzyłam ze zdumieniem.

Bo przecież to chyba ja raczej mogłabym to zrobić i poprosić o pomoc. Nie chcę, żeby ktokolwiek przeprowadzał tutaj operację na moim otwartym mózgu, szczególnie wbrew mojej woli!!!

Ale spokojnie. Jeszcze raz:

– *Madame*. Jestem dorosłym człowiekiem. Podejmuję świadome decyzje i ja świadomie ponoszę konsekwencje tych decyzji. Chcę odejść.

– Nie! Ja nie pozwalam ci odejść! – rzuciła Pani Nauczycielka niecierpliwie, a potem z niezadowoleniem wstała, odwróciła się plecami i odeszła, zamykając za sobą drzwi.

A ja zostałam zdumiona na pomarańczowym dywaniku.

Koniec. Kropka. Koniec rozmowy z Panią Nauczycielką. Ale może to mi się tylko śni?...

Siedzę na dywaniku przed pustym krzesłem i mrugam ze zdumienia oczami. Może to jakiś dziwny sen? Po czym mam poznać, że to prawda? Może po bolesnym kłuciu w lewej nodze, która za długo leżała przyciśnięta prawą i zaczyna cierpnąć?

A więc to prawda? I co teraz?...

Wstałam.

– Spokojnie – myślę sobie.

Bez paniki. Nie musi być przecież tak, jak ja chcę. Spróbuję odnaleźć się w tym, co jest. Rozważę wszystkie opcje.

Nie byłam nawet zła na Panią Nauczycielkę. Raczej zdumiona, że traktowała mnie z lekceważeniem jak krnąbrne dziecko, które trzeba zmusić do czegoś, bo samo jest za głupie, żeby zrozumieć co jest dla niego dobre.

ROZDZIAŁ 44

Miałam taki sen

Zaraz, zaraz… Usiłowałam zebrać myśli. Po kolei, powoli, na spokojnie. I co teraz?... Jestem uwięziona? Co mam zrobić?

Uciekać? Ale jak? Czy dam radę przeskoczyć przez trzymetrowy mur zakończony drutem kolczastym? Przy każdej bramie stoją strażnicy. Ktoś zawsze pilnuje wszystkich ścieżek. Ilekroć zdarzyło mi się niechcący wyjść poza kwaterę wyznaczoną dla kobiet, natychmiast zjawiał się ktoś, kto pośpiesznie odsyłał mnie z powrotem.

Poza tym jak mam uciec i dokąd? Bez paszportu, bez pieniędzy, bez bagażu?... Nie wiem nawet czy tu jest posterunek policji! Przecież jestem poza miastem, na skraju pola! Jak zareagują ludzie na widok białej uciekinierki, która nic nie ma i mówi w obcym języku?...

Mętlik w myślach.

Myślałam, że przyjdę do Pani Nauczycielki, uprzejmie i grzecznie poinformuję ją, że jest mi przykro i odchodzę, ale nigdy w życiu nie spodziewałabym się takiego obrotu sprawy. Jak się zachować? Uciec? Zrobić rewolucję? Milczeć? Uznać, że tak ma być?... Rety, nie mam pojęcia!

Wróciłam do mojej celi, usiadłam na łóżku.

Może wszystko wydaje mi się takie trudne, bo jestem niewyspana?

Dobrze.

– Masz rację – pomyślałam do samej siebie.

Kiedy myśli zachowują się jak stado przestraszonych mustangów, które z nerwowym rżeniem uciekają w najdalsze zakątki pastwiska, lepiej ich nie ścigać. Niech wybiegają swój niepokój i stres. Potem same wrócą. Zostaw je więc w spokoju, zajmij się czymś innym.

Tak zrobię.

Przyłożyłam głowę do twardej pryczy, zamknęłam oczy, odetchnęłam głęboko.

– Będzie dobrze – pomyślałam.

Poczułam jakześlizguję się głębiej i głębiej w senną łagodność, jak pierzaste pióro na wietrze, jak kłębek jedwabistej przędzy z kapokowego drzewa, jak…

Aaaaaaaaaaaaaaaaaaaaaaaaaaaaaaaaaaaaaa!!!!!!!!!!!!!!!!!!!!!

Jezu!

Nagle przypomniałam sobie ten sen!!!!!!!!!!!!!

To było w styczniu, tuż po Nowym Roku. Miałam bilet lotniczy kupiony do Kalkuty i zamierzałam jechać do Bangladeszu. Sama, na miesiąc, jak zawsze. I jak zwykle byłam szczęśliwa na myśl o tej wyprawie. Aż do pewnego dnia.

Uciekać?
Ale jak?
Bez paszportu,
bez pieniędzy,
bez bagażu??

Niespodziewanie zaczęły mną szarpać dziwne wątpliwości. Bez żadnego widocznego powodu. Nie dlatego, że coś złego zdarzyło się w Indiach czy Bangladeszu. Ja też byłam zdrowa, silna i czułam się świetnie. I nigdy wcześniej nie zdarzyło mi się wątpić w to, czy chcę wyruszyć w kolejną podróż.

Wymyśliłam ją sobie, wyczekałam, włożyłam mnóstwo pracy w zaplanowanie wszystkich moich obowiązków w taki sposób, żeby nikt nie odczuł mojej nieobecności. Nagrałam cztery niedzielne audycje, napisałam zapas kilkunastu felietonów, najnowsza książka właśnie jechała do drukarni. Byłam wolna, gotowa do podróży, spakowana, ale zamiast czuć jak zawsze radość i dreszcz oczekiwania, czułam niepokój.

Dlaczego? O co chodzi? Co mam zrobić? Czy mam zrezygnować z tego wyjazdu? Czy mam jechać?

Biłam się z myślami przez kilka tygodni, aż pewnego wieczoru pomyślałam:

– Kładę się spać. To, co mi się dzisiaj przyśni, będzie odpowiedzią na moje wątpliwości. Chcę się obudzić z jakąś decyzją.

I zasnęłam.

Śniło mi się, że jestem w kraju na „I". Wydaje mi się nawet, że nazwa tego kraju rozpoczynała się od „Ind".

– Indonezja, oczywiście – pomyślałam po przebudzeniu.

No, to dobrze, bo ja przecież nie wybieram się do Indonezji, tylko do Bangladeszu.

Jak mam jednak wyjaśnić to wszystko, co się zdarzyło w tym śnie? Najpierw zostałam obrabowana ze wszystkiego. Ukradziono mi wszystko – torbę i plecak, pieniądze, paszport, aparaty fotograficzne, kartę kredytową, ubrania, dosłownie wszystko. Zostałam bez niczego i pamiętam jak w tym śnie zastanawiałam się gdzie znajdę polski konsulat i ile czasu będzie trwało odtworzenie dokumentów, żebym mogła wrócić do domu.

A potem było jeszcze gorzej.

Znalazłam się w jakiejś pustej, małej uliczce, było chyba późne popołudnie, bo wydaje mi się, że pamiętam ukośne promienie zachodzącego słońca, które znikały za domami. Byłam sama i miałam ochotę jak najszybciej stamtąd wyjść, bo takie zaułki nigdy nie są bezpieczne. I rzeczywiście, nagle usłyszałam zbliżające się kroki. Zza rogu pojawiła się grupa mężczyzn. Jak stado wilków na widok owieczki. Prawie słyszałam szczęk ich zębów w mlaskających w krwawym oczekiwaniu paszczach. Szli prosto na mnie, a potem nagle ktoś coś zawołał i uciekli.

A ja znalazłam się na posterunku policji. Odetchnęłam z ulgą, usiadłam sobie na krześle i pomyślałam, że tutaj szybko się mną zaopiekują. Ale policjanci zaczęli mi zadawać mnóstwo pytań. Skąd się tu wzięłam, po co, dokąd jadę, czego szukam. A ja odpowiadałam, że jestem z Polski, że tylko sobie podróżuję, zwiedzam, oglądam. Nie wierzyli mi. Byli coraz bardziej rozgniewani i zniecierpliwieni.

A potem zaczęli mnie torturować. Bili mnie i wyłamywali mi palce żądając prawdziwych odpowiedzi. Bolało!

I wtedy się obudziłam!

I pomyślałam, że teraz już wiem na pewno jaka jest odpowiedź na moje wątpliwości. Mam nie jechać!!!

Minął dzień, może dwa. Wszystkie wątpliwości wróciły. Ale dlaczego nie jechać? Przecież ten sen był o Indonezji, a ja wybieram się do Bangladeszu. Poza tym czy naprawdę zły sen ma moc, żeby mnie zatrzymać? Ja chcę podróżować! Uwielbiam podróżować! Potrzebuję podróżować! Nic mnie nie zatrzyma!

– Jadę!!!!!

I poczułam się szczęśliwa. Tak, to jest właściwa decyzja! Nie zatrzyma mnie strach ani jakieś koszmarne wizje. Jadę! Wiem, że jak zwykle wpakuję się w różne tarapaty, ale wiem też, że jak zawsze poradzę sobie, przeżyję superprzygodę, a potem zmęczona, ale szczęśliwa wrócę do domu.

A więc jadę!!!

I pojechałam.

Dopiero w samolocie lecącym do Bombaju uświadomiłam sobie, że kraj na „Ind" z mojego snu to prawdopodobnie wcale nie była Indonezja, tylko Indie. Gdzie zamierzam spędzić kilka dni na początku i na końcu podróży. Ale mniejsza z tym. Będzie dobrze. I całkiem o tym śnie zapomniałam.

Aż do teraz.

I nagle poczułam strach.

ROZDZIAŁ 45

Sekta uczciwych ludzi

Niedawno w Indiach dwie turystki zostały zgwałcone i obrabowane. Osobno, niezależnie od siebie. I właściwie nic nie wiadomo o tym, co każda z nich robiła wcześniej. Może zapisała się na kurs medytacji albo kurs jogi lub tańca, zrezygnowała po dwóch dniach i za to właśnie została ukarana?... Nie została napadnięta przez przypadek, tylko dlatego, że zdaniem miejscowych dokładnie na to zasłużyła?!

Tak jak ja??!!! Zapisuję się na kurs dziesięciodniowej medytacji, po pięciu dniach chcę ją przerwać, więc być może z punktu widzenia tubylców zachowuję się nieracjonalnie albo obraźliwie i należy mi się za to kara???

A co jeśli zniknie to, co zostawiłam na przechowanie? Nie mam żadnego pokwitowania. Przyjechałam tu z całym zaufaniem, tym bardziej że na stronie internetowej było napisane, że tylko uczciwi ludzie, którzy szczerze chcą pracować nad swoim życiem powinni się zgłaszać. A ja pomyślałam:

– O Boże, nareszcie! Tego szukałam! Nareszcie spotkałam ludzi, którzy są po prostu uczciwi i można im zaufać. Oni są tacy jak ja! Nareszcie!...

Kiedy dostałam e-maila z potwierdzeniem, że „moje podanie zostało zakwalifikowane", a ja zostałam przyjęta na kurs, byłam taka wdzięczna i szczęśliwa! Ach, sama teraz w to nie wierzę!!!

Wydaje się, że jakąś podświadomą cząstką mojego umysłu myślałam, że stanie się cud! Że ktoś da mi czarodziejską różdżkę, za pomocą której otrzymam dostęp do mojego umysłu! Że wystarczy zapisać się na kurs, żeby zdobyć wszechmocne narzędzie, którym naprawię sobie wszystko, co wymaga naprawienia, choć jeszcze sama o tym nie wiem, bo jest to ukryte w głębinach mojej podświadomości!!!!

Aaaaaaaaaaaaaaaaaaaaaaa!!!!!!!

Czy właśnie na to liczyłam?....

Że na drugim końcu świata trafiłam niespodziewanie na takich cudownych, uczciwych ludzi, którzy z troski o mnie dzielą się swoją nadzwyczajną mądrością i wiedzą?...

O rety!!!!.....

No tak, teraz to zaczyna do mnie docierać!

I kiedy kazali oddać dokumenty i pieniądze „dla mojego dobra" oraz „ze względów bezpieczeństwa", bez wahania oddałam wszystko.

Tym bardziej, że nie wiedziałam przecież gdzie będę mieszkać ani jak to będzie wyglądało.

Wszystko co wiedziałam, to były SŁOWA przeczytane w Internecie. A potem ten mały, czysty dziedziniec z dwoma stolikami. NIC WIĘCEJ.

Przeczytałam zachęcający opis medytacji na stronie internetowej i uznałam, że brzmi wiarygodnie, ale tak naprawdę w gruncie rzeczy nie miałam absolutnie żadnej podstawy, żeby tak sądzić!

Przecież gdyby to był obóz założony przez seryjnego mordercę, to co napisałby na swojej stronie internetowej? Że czeka na mnie, żeby mnie uwięzić i zamordować? Jasne, że nie! Napisałby pewnie coś w rodzaju, że tylko tam znajdę spokój, nauczę się czegoś ważnego, doznam olśnienia.

Rety!!!!!!!!!!!!!!!!!!

Zachowałam się po prostu jak naiwne dziecko!!!!!!!!!!!

Aż usiadłam na łóżku i złapałam się za jego metalową krawędź.

Ja naprawdę wierzę ludziom. Kiedy ktoś mówi, że potrafi coś zrobić, to nie wątpię, tylko pytam kiedy to może zostać zrobione. Kiedy ktoś mi mówi, że to kosztuje sto złotych, to zastanawiam się czy mnie na to stać, a nie nad tym czy on chce mnie naciągnąć.

No i naprawdę zawsze staram się postępować, myśleć i mówić uczciwie. Więc jeśli ktoś mi mówi, że jest uczciwy, to ja tylko cieszę się z tego, że poznałam uczciwego człowieka i że jest nas więcej.

Nigdy nie przychodzi mi do głowy, że ktoś może po prostu mówić nieprawdę, żeby kogoś celowo oszukać. Ja nigdy bym tak nie zrobiła, więc nikogo też o to nie podejrzewam.

Ale zaraz! Przecież to właśnie na tym żerują sekty! Na tym, że ktoś naiwnie, bezkrytycznie wierzy w obietnice składane przez nieznajomych!!!

Aaaaaaaaaaaaaaaaaaaaaaaaaaa!!!!!!!!!!!!!!!!

Help!!!!!!!!!!!!!!!!!!!!

Sama się w to wpakowałam!!!!!!!!!!!!!!!!!!!!!!!!!

Zapamiętam tę lekcję do końca życia!

Pierwsza nauka brzmi:

Nigdy, przenigdy nie oddawaj wszystkiego – chyba że bardzo dobrze kogoś znasz. Jeżeli nie masz stuprocentowej pewności, że możesz komuś zaufać, oddaj tylko to, co możesz stracić.

W moim przypadku szczególnie kazano oddać książki, iPady, telefony i paszporty. Ale prawdę mówiąc, telefon mogłam schować w głównym bagażu, który zabrałam ze sobą. I powinnam była go zabrać NA WSZELKI WYPADEK. Dlatego że naprawdę nigdy nie wiadomo co może się zdarzyć. Nie chodzi nawet o to czy ktoś będzie próbował cię oszukać. Chodzi o to, żeby być w stanie wezwać pomoc w razie konieczności – choćby w sytuacji, gdyby na polu wylądowali kosmici! Albo gdyby zerwał się huragan i zmiótł ośrodek z powierzchni ziemi. Albo gdyby nadciągnęła gigantyczna fala i zamieniła pół Indii w ocean. Takie rzeczy zdarzają się na świecie. I co wtedy zrobisz jeżeli nie masz absolutnie nic?....

Ja nie miałam.

Nie mogłam zadzwonić do polskiej ambasady. Nie mogłabym nawet zapłacić rikszarzowi gdyby udało mi się uciec.

Nie miałam nic!!!

Ani paszportu, ani biletu, ani pieniędzy, ani telefonu.

Nic.

Z wyjątkiem coraz bardziej przerażającej wizji sytuacji, w jakiej się znalazłam.

Sama, w małej betonowej celi w obozie otoczonym trzymetrowym murem z drutem kolczastym.

Zrobiło mi się gorąco.

Mistrz i Pani Nauczycielka ciągle mówili o „operacji na otwartym mózgu". I o tym, że jeśli ktoś nie ukończył tej medytacji, to w jego umyśle jest mnóstwo „nieczystości", z powodu których postępuje niewłaściwie i sprowadza cierpienie na siebie i innych.

Mówili o tym, że trzeba sięgnąć do „korzeni umysłu" i „wyrwać te nieczystości".

Aaaaaaaaaaaaaaaaaaaaaaaaaaaaaaaaaa!!!!!!!!!

A jeśli oni są ortodoksyjnymi buddystami, którzy chcą oczyścić świat z „nieczystych umysłów"?????

Ale czy to w ogóle możliwe, żeby być ortodoksyjnym buddystą, skoro podstawą tej filozofii jest dobro i nieczynienie zła?...

Ale zaraz! Przecież we wszystkich religiach świata głównym założeniem jest dobro i powstrzymanie się od zła, a jednak ludzie ciągle ze sobą walczą, pogardzają sobą, toczą wojny i zabijają. I często robią to w imię swojej wiary!

No tak, bo przecież wcale nie chodzi o to co jest zapisane w przykazaniach, tylko o to, w jaki sposób człowiek te przykazania interpretuje, czyli jak je rozumie przez pryzmat swojego życiowego samopoczucia.

Ortodoksyjny wyznawca
to taki, który uważa,
że ktoś obraża jego wiarę.

Ale przecież wiara istnieje
w sercach wyznających ją
ludzi.

Jeśli to serce jest czyste
i życzliwe, to
przebacza zanim
poczuje się urażone

Jeśli z jakiegoś powodu ma je kiepskie, bo na przykład był często niesprawiedliwie bity w domu jako dziecko, to przełoży te swoje bóle, cierpienia i frustracje na sposób rozumienia i wyznawania religii. I będzie walczył.

Bo ortodoksyjny wyznawca to taki, który uważa, że ktoś obraża jego wiarę.

A przecież wiary nie można obrazić. Wiara nie jest osobą, która może poczuć ból czy urazę. Wiara istnieje tylko w sercach wyznających ją ludzi. A jeśli to serce jest czyste i życzliwe, to przebacza zanim poczuje się urażone.

ROZDZIAŁ 46

Lochy dla opornych

– Ja nie pozwalam ci odejść!!! – brzmiało wciąż w moich uszach. – To jest dla ciebie wielka szansa! Głęboka operacja na twoim mózgu!

– Proszę – odpowiedziałam. – Ja chcę odejść.

– Nie! Ja nie pozwalam ci odejść! – powtarzała surowo, z niechęcią, odpychającym głosem.

– *Madame*, jestem wolnym człowiekiem. Chcę odejść.

– To jest operacja na otwartym mózgu! Ja nie pozwalam ci odejść!

– To jest moja świadoma decyzja, moja odpowiedzialność, moja karma – mówiłam spokojnie.

– Ja nie pozwalam ci odejść! – powtarzała jak refren, a potem po prostu wstała i odeszła.

Wiesz co myślę? Że tak właśnie powstają sekty. Ktoś chce kogoś zbawić za wszelką cenę, nawet wbrew jego woli, więc nie zawaha się użyć przymusu i siły, żeby osiągnąć cel.

Aaaaaaaaaaaaaaaaaaaa!!!!!

Help!!!!!!!!!!!!!!!!!!!

A jeśli pani Solanki Kula poczuła się znieważona moją prośbą???

A jeśli jest ortodoksyjną buddystką, która chce wszystkich nawrócić na siłę, bo w gruncie rzeczy jest bezsilna wobec swoich własnych lęków i ograniczeń?...

Czy jej sposób mówienia i zachowania świadczył o tym, że jest wolna od wszystkich „nieczystości" umysłu? Raczej nie! Nie wyglądała na szczęśliwą, pogodną, życzliwą buddystkę, która z uśmiechem szerzy dobro na świecie. Bardziej przypominała surowego żołnierza, który stoi na straży oddziału szpitala, gdzie przeprowadza się „operacje na otwartym mózgu"!!!!

Poczułam strach.

Przecież ona może kazać zrobić ze mną wszystko!!!

Jeżeli ktoś chce odejść w połowie kursu medytacji, to znak, że ma w sobie wyjątkowo dużo „nieczystości umysłu", a więc może zwykły dziesięciodniowy kurs wcale mu nie wystarczy! Podczas jednego z wieczornych wykładów Mistrz wspominał, że kiedyś pełen kurs trwał siedem tygodni i że to jest najpewniejszy sposób, żeby dotrzeć do „korzeni umysłu".

Nie chcesz zostać przez dziesięć dni? No tak, to „nieczystości" w twoim umyśle nie chcą ci na to pozwolić. Podżegają do buntu. Ale nawet jeśli nie masz na to ochoty, musisz się do tego zmusić!

Nie chcesz?

To my cię zmusimy! To jest jedyny sposób, żeby ocalić twoją duszę!!

Nie masz na to ochoty?

To nic! Zobaczysz, że jak skończy się ten kurs – po siedmiu tygodniach, a może dłużej – to będziesz znacznie szczęśliwszy!!

Aaaaaaaaaaaaaaaaaaaaaaaaa!!!!!!!!!

Jezu! Nagle zobaczyłam to wyraźnie w wyobraźni.

Co, myślisz, że nie mogą tego zrobić?

Jasne, że mogą!

Nic trudnego!

Zabrać mnie siłą z mojej celi nocą albo z jakiegokolwiek miejsca w ośrodku, który jest przecież otoczony murem z drutem kolczastym i zamykany na żelazną kłódkę. A czasem jeszcze z głośników płyną na cały regulator buddyjskie mantry. Myślisz, że ktoś by mnie usłyszał?...

A może zresztą mają specjalne lochy dla opornych? Wrzucają cię tam, żebyś siedział i medytował, słuchając melodeklamacji Mistrza tak długo aż twój umysł się oczyści.

Niemożliwe?

Jak najbardziej możliwe!!!!!

Skuliłam się pod kocem.

Rety!... Rety!...

– Ale dobrze – szepnęłam do siebie. – Nie panikuj. Będzie dobrze. Nie martw się na zapas, bo to jest tylko marnowanie cennej energii, która przyda ci się jeśli naprawdę będziesz w kłopotach.

Serce waliło mi z przerażenia. Co robić? Uciekać? Czekać? Krzyczeć? Milczeć?...

Czułam jak strach wsiąka w moje myśli, wlewa się we mnie jak lodowaty deszcz.

Nie pozwolić mu na to! – pomyślałam resztką rozsądnych myśli. – Nie mogę dopuścić do tego, żeby poddać się panice, bo wtedy stracę umiejętność racjonalnego myślenia i możliwość uwolnienia się z tej pułapki!

– Ja ciebie kocham! – powiedziałam do siebie żarliwie. – Przysięgam, że zawsze będę się tobą opiekować. Zawsze! Cokolwiek się zdarzy, ja jestem przy tobie. Zawsze! Zawsze. Kocham cię! Kocham cię! Kocham cię!

Zamknęłam oczy.

Poczułam się trochę bezpieczniej, silniej, lepiej.

Co będzie, to będzie. Dam sobie radę, bo cokolwiek się zdarzy, widać jest mi do czegoś potrzebne. Czegoś mam się nauczyć. Dobrze.

Co będzie, to będzie.

...A jeśli... A jeśli oni przeszukają mój bagaż i znajdą notes i długopis, których nie oddałam? Nie używałam ich podczas tych pięciu dni medytacji, bo chciałam się zachować jak „uczciwy człowiek", który dotrzymuje danego słowa i przestrzega zasad, ale jednak miałam je w torbie wbrew zakazowi.

O rety! Kiedy wypełniałam w Kalkucie podanie o przyjęcie mnie na kurs, w rubryce „zawód" też napisałam prawdę! Zwykle tego nie robię. Podczas podróży po świecie bezpiecznie jest być nauczycielem albo przewodnikiem, ale jeśli chwalisz się że piszesz książki, to są ludzie, którym to się może nie podobać. Na przykład policji, żołnierzom, tajnym agentom, przestępcom i innym osobom, które mogą mieć coś do ukrycia.

Gorsze niż bycie „pisarzem" może być tylko bycie dziennikarzem, dlatego że osobom na urzędowych stanowiskach to się może kojarzyć z kimś, kto przybywa, żeby wywęszyć jakąś słabość, a potem opublikować na pierwszej stronie zachodnich gazet zdjęcie opatrzone sensacyjnym podpisem, które stawia dany kraj w niekorzystnym świetle.

Ja nie uważam się za dziennikarza. Nie interesuje mnie polityka, trzymam się z daleka od partyjnych sporów, nie oceniam świata przez pryzmat przychodów narodowych, ustaw, parlamentów, praw ani rozwojów gospodarczych. Wolę patrzeć w oczy ludziom na ulicy, obserwować ich podczas zabawy i codziennych zajęć.

Więc tak, kiedy wypełniałam ankietę z prośbą o przyjęcie mnie na ten kurs „tylko dla uczciwych ludzi", oczywiście uczciwie napisałam, że jestem „writer", czyli „pisarz". O rety!!!!!!

Ale przecież w Indiach to słowo ma kilka znaczeń. „Pisarzem" jest ktoś, kto pisze książki, ale także ktoś, kto przepisuje dla kogoś list na maszynie albo pisze do gazety!!!

Jeżeli jestem „pisarzem", to najprawdopodobniej będę chciała *opisać* to, co się tutaj zdarzy!!! Jeżeli więc Pani Nauczycielka wyda rozkaz, żeby przeprowadzić do końca „operację na moim otwartym mózgu", czyli uwięzić mnie i zmusić do ukończenia medytacji – choćby to miało trwać nawet kilka miesięcy – to co może zrobić, żeby mi to uniemożliwić?... Odrąbać mi palce. Albo odrąbać mi całe ręce. Wtedy nie będę mogła niczego napisać, a moja dusza będzie wolna od „nieczystości".

Aaaaaaaaaaaaaaaaaaaaaaa!!!!!!

Boże!!!!!!

Wyobraziłam sobie sztuczne palce, którymi uczę się stukać w klawiaturę komputera. Ile to by trwało? Czy dałabym radę napisać nową książkę?

Aaaaaaaaaaaaaaaaaaaaaaaaaaaaa!!!!!!!!

Aaaaaaaaaaaaaaaaaaaaaaaaaaaaaaaaa!

Aaaaaaaaaaaaaaaaaaaaaaaaaaaaaaaaaaaa!

Nie! Zaraz, spokojnie!!!

Leż!

Zamknij oczy!

Oddychaj!

Nie martw się na zapas!!!

Puść wszystkie myśli.

Zdaj się na Boga, który w tobie jest. On cię prowadzi tam, gdzie jest dla ciebie najlepiej.

– Dobrze – odpowiedziałam sobie. – Dziękuję. Kocham cię.

Leżałam skulona pod kocem i czekałam aż minie strach. I zastąpi go wdzięczność za to, że zawsze mogę na siebie liczyć.

ROZDZIAŁ 47

Będzie dobrze!

– Będzie dobrze – powtarzałam do siebie w myślach. – Będzie dobrze. Kocham cię. Jestem z tobą. Zawsze z tobą będę.

Strach powoli odpuszczał. Już nie mdliło mnie w żołądku i serce biło spokojniej. Wiedziałam, że jestem w niebezpieczeństwie, ale przynajmniej odzyskiwałam panowanie nad moim umysłem. Myśli już nie wariowały podsuwając mi koszmarne wizje, tylko zaczęły się bardziej racjonalnie przyglądać sytuacji.

Bo co ja mogę właściwie realnie stracić? No co?

No jak to co?! Wszystko co mam! Pieniądze, tablet, aparat fotograficzny, obiektywy, karty pamięci, paszport, kartę kredytową, telefon! Najcenniejsze co mam!

– Będzie dobrze! –
powtarzałam do siebie
w myślach.
Będzie dobrze!
Kocham cię!
jestem z tobą!

– Ale poczekaj – usłyszałam w myślach. – Przecież to są tylko przedmioty. Co jest w tym tablecie takiego ważnego i niepowtarzalnego? Jest tam coś takiego? Napisałaś w nim książkę, wiersz życia, opowiadanie?

– No nie – odpowiedziałam sobie. – Mam tam zdjęcia z podróży, ale zachowałam kopie na kartach pamięci. Mam tam pocztę, Facebooka, parę rysunków, ale właściwie nic absolutnie ważnego.

– Widzisz? – odrzekłam sobie. – A aparat fotograficzny? Nawet jeśli go stracę, to...

– No to stracę część zdjęć, które zrobiłam do tej pory w Indiach, jakieś kilkaset sztuk. Ale trudno.

Jeśli stracę plecak z całym sprzętem fotograficznym, to będzie mi lżej podróżować.

Pieniądze? No trudno. Mam tam jakiś tysiąc dolarów w gotówce. Zarobi się.

Poza tym te pieniądze i tak przecież nie zginą, tylko zmienią właściciela. Może tak właśnie miało być. Może trafią do kogoś, kto zrobi z nich lepszy użytek niż ja.

Trudno.

No dobrze. Jeśli tak ma być, to dobrze. Zgadzam się na to. Widać jest mi to potrzebne do czegoś, czego jeszcze nie rozumiem, ale postaram się to znaleźć. Będzie dobrze.

Ogarnął mnie spokój.

To dziwne, że człowiek tak łatwo i tak szybko przywiązuje się do przedmiotów i tak bardzo gwałtownie broni się przed ich utratą. Ale dobrze. Niech będzie, co ma być.

Ach, jest jedna rzecz, której będzie mi żal! W podręcznym plecaku zostawiłam pierwszy notatnik, gdzie zapisywałam różne rzeczy podczas tej podróży. No trudno. Jakoś to nadrobię, odszukam w pamięci to, o czym wtedy myślałam, a to, o czym zapomnę, trudno, niech zniknie.

Uśmiechnęłam się.

Wszystko jest tak, jak ma być. Spokojnie.

– Będzie dobrze. Będzie dobrze – powtarzałam do siebie jak mantrę. – Będzie dobrze.

I wtedy usłyszałam dzwonek.

Koniec medytacji! Przerwa na obiad!

Tak!

Zeskoczyłam z łóżka. Idę!

Znasz lepszy sposób na zorganizowanie sprawnego zarządzania swoimi myślami? Dobry, zdrowy, gorący wegetariański posiłek. Wzmacnia ciało i jednocześnie daje siłę myślom. Przywraca wewnętrzną równowagę. Tak, tego właśnie potrzebowałam!

Soczewica, ryż, placek *chapati*. Mandarynka na deser, której nie wolno zabrać ze sobą do pokoju, trzeba ją zjeść teraz.

Przed wejściem do jadalni trzeba zdjąć buty. Po zjedzeniu trzeba boso przejść do podłużnej, wąskiej kuchni, gdzie zbudowano kilka

W oczekiwaniu na pociąg.

W Varanasi było zimno! Czym prędzej kupiłam miejscowy szal i zajadałam się gorącym ryżem z odrobiną curry z warzyw.

Najlepsze śniadanie w Varanasi, trafiło mi się tylko raz: świeżo usmażony, chrupiący placek z gorącym nadzieniem.

W indyjskiej wsi

Do Varanasi przybywają święci, pielgrzymi, turyści i zwykli ludzie, żeby doświadczyć uzdrawiającej mocy wód Gangesu.

Finance Limited
SHIVALA, VARANASI
Any Time
SONARPURA GROUND F OR, NEAR KHEER SAGAR VNS.

Świt nad Gangesem

Chociaż woda jest zimna, a świt tak rześki, że puchową kurtkę zapięłam pod szyję, pielgrzymi z namaszczeniem wchodzą do rzeki, żeby obmyć się ze zła.

Słynne ghaty w Varanasi to ciągnące się kilometrami schody biegnące wprost do rzeki. W różnych odcinkach mają różną wysokość i są pomalowane na różne kolory.

KEDAR GHAT

RUPA

Stosy drewna przygotowane do palenia zwłok nad brzegiem rzeki.

W krętych uliczkach starej części Varanasi nad ghatami

Z rodziną znajomego rikszarza

Więcej fotografii z wyprawy do Indii
znajdziesz w multimedialnych galeriach,
szczegóły - na początku książki

głębokich zlewów, stanąć na wilgotnych, lekko zbutwiałych drewnianych kratach i umyć po sobie naczynia.

Wchodzę boso, siadam przy stole naprzeciwko ściany – wszystkie są tak ustawione, żeby zniechęcić uczestniczki kursu do nawiązywania ze sobą kontaktu.

Rozglądam się ukradkiem.

Jest Miss Danii, chyba czymś zmartwiona, bo ma smutną twarz.

– Uśmiechnij się, Miss Danii – pomyślałam do ryżu na moim talerzu. – Będzie dobrze!

ROZDZIAŁ 48

Rewolucja!

A więc dobrze. Na razie chyba nikt mnie nie ściga.

Usiadłam na murku w plamie cudownie gorącego słońca, zdjęłam skarpetki, podwinęłam spodnie. Rozważmy opcje.

– Ja nie pozwalam ci odejść! – usłyszałam w myślach rozkaz Pani Nauczycielki.

Ale ja już dawno wyrosłam ze słuchania rozkazów dorosłych. Robię co chcę. Wszędzie gdzie jestem.

Jak mnie pani zatrzyma, groźna Pani Nauczycielko, no jak? Złapie mnie pani tutaj na środku ścieżki i każe zawlec do lochu? Raczej nie. Może czeka do zmierzchu, żeby mnie zniknąć tak, żeby nikt się nie zorientował?

Ale na razie świeci słońce.

A gdyby tak…

A gdybym po prostu wyszła?...

Wstałam i jak gdyby nigdy nic, nie rozglądając się dookoła, ruszyłam przed siebie. Tak jakbym zapomniała się w rozmyślaniach nad ważniejszymi sprawami niż sprawdzanie gdzie jestem. Minęłam jadalnię i kuchnię, zrobiłam jeszcze kilka kroków po betonowej ścieżce. Jak spod ziemi pojawiło się dwóch strażników.

Nakaz Milczenia. Nic nie mówią, ale kręcą przecząco głowami, machają rękami i pokazują, że mam się cofnąć.

Cofam się posłusznie, ale tylko na chwilę. Czekam aż się schowają, a potem jak gdyby nigdy nic, znowu idę przed siebie. W kierunku bramy wejściowej, tej samej, przez którą pięć dni temu weszłam do środka.

– Nie wolno! Nie wolno! – mówią strażnicy i stają mi na drodze.

Mają na twarzach wyraz żelaznej konsekwencji i całkowitego przekonania o słuszności tego, co robią.

– Och, przepraszam! – składam ręce po indyjsku, skłaniam się głową i pośpiesznie wycofuję. Niech to wygląda tak, jakbym się tu przybłąkała przez przypadek.

Cofam się do murku.

Siadam w słońcu.

I co teraz?

Nawet gdybym przebiegła obok wszystkich strażników i dotarła do bramy, to przecież są małe szanse na to, że brama będzie otwarta. Więc co? Dobiegnę do bramy i zatrzymam się na żelaznej kłódce? I co dalej?...

A może by jednak przeskoczyć przez ten mur?...

Po zmierzchu, kiedy zrobi się ciemno. Nikt by mnie chyba nie zauważył. Tylko, kurczę, jak?...

Mur ma ze trzy metry wysokości i biegnie dookoła ośrodka. Jest gruby, zbudowany z cegieł, płaski, śliski i nie ma jakichkolwiek załomków, o które można by oprzeć stopę. A na górze na całej jego długości kłębi się zwojami drut kolczasty.

Dobre pytanie: dlaczego spokojni, przyjaźni, pokojowo nastawieni do świata buddyści chcieliby zamykać się za takim wysokim murem zakończonym narzędziem do kaleczenia innych ludzi?...

Jak to się ma do pojęcia *ahimsa*, które jest jednym z najważniejszych przykazań wszystkich trzech głównych religii panujących w Indiach – czyli hinduizmu, buddyzmu i dżinizmu? *Ahimsa* znaczy „nie wyrządzać krzywdy", „nie zadawać cierpienia" żadnym żywym istotom, ponieważ w każdej z nich płonie boska energia duchowa.

Jeśli więc skrzywdzisz kogoś w jakikolwiek sposób, to jest tak, jakbyś zadał cierpienie samemu sobie, a poza tym wyrządzanie zła zatrzymuje cię w twoim duchowym rozwoju i szkodzi twojej karmicznej przyszłości.

Dlatego buddyści, hinduiści i dżiniści powstrzymują się przed jedzeniem mięsa – bo zabijanie zwierząt dla pożywienia jest zadawaniem im cierpienia.

Pytanie może jeszcze lepsze: dlaczego kurs medytacji „tylko dla uczciwych ludzi" odbywa się za wysokim murem z drutem kolczastym, zza którego nie można wyjść?...

Ale może jednak dałabym radę wdrapać się na ten mur i przeskoczyć na drugą stronę?... Ciężko. Mur był wysoki i gładki. Musiałabym

Oto ja — pacjent, który zwiał ze stołu operacyjnego wbrew rozkazom chirurga

Podczas operacji na otwartym mózgu!

chyba mieć drabinę. No i co dalej?... Przeskoczę przez mur w środku nocy wśród wycia indyjskich wilków albo szakali, bez paszportu, bez pieniędzy i bez pojęcia gdzie jestem ani dokąd iść. Mogłabym iść tak daleko aż dotrę do jakiejś wioski, ale co potem? Pukać ludziom do drzwi w środku nocy? A ty byś otworzył gdyby do twoich drzwi walił ktoś obcy?... No właśnie.

Ucieczka chyba nie wchodzi w grę.

Ale coś muszę zrobić.

Oto ja – pacjent, który zwiał ze stołu operacyjnego wbrew rozkazom chirurga. Podczas operacji na otwartym mózgu! Nie dam się! Nie zatrzymacie mnie siłą! Nie zmusicie do czegoś, czego nie chcę!

Zrobię rewolucję!!!

Wywołam bunt!!!

Kto wie ile jeszcze osób oprócz mnie też czuje się tak koszmarnie i chce odejść, ale nie może?

Nie chcecie mnie wypuścić? Dobrze! To ja wam pokażę!!!

Podczas medytacji w wielkiej sali wstanę i powiem prawdę! Że jestem tu trzymana wbrew mojej woli, że chcę odejść, że nie zgadzam się na takie więzienie! Jestem wolnym człowiekiem! Podejmuję moje własne decyzje na moją odpowiedzialność! To niegodne i nieszlachetne, żeby zamykać kogoś w więzieniu i zmuszać do robienia czegoś, czego nie chce robić!

To jest mój sprzeciw!

Tylko w ten sposób mogę zaprotestować i dlatego łamię Nakaz Milczenia i mówię do was te słowa!

Jesteśmy wolni!

Nic nie może nas zatrzymać!

Każdy z nas osobiście podejmuje decyzje odnośnie swojego życia!

Protestuję przeciwko używaniu przemocy!

Tak powiem.

Niech wiedzą, że nie można mnie do niczego zmusić.

Poza tym zobacz – od początku z tym kursem było coś nie tak. To wszystko było sztywne, mechaniczne i bez serca. Bez ciepła i życzliwości. Surowe twarze, straszenie tym, że jesteś gorszy, bo masz w sobie „nieczystości" i musisz się od nich uwolnić, żeby zostać „oświeconym".

Od początku wszyscy traktują cię z wyższością.

Są buddyjskie trony na podwyższeniu dla „ważnych" i stare poduszki na podłodze dla „nieczystych".

I to nieustanne straszenie, że nie będziesz szczęśliwy dopóki nie skończysz kursu, bo nosisz w sobie tyle tego, czym my – lepsi – pogardzamy.

No i najważniejsze – jeśli pani Solanki Kula jest Nauczycielką, to znaczy, że przeszła wiele takich kursów, prawda? Dlaczego w takim razie zachowuje się w sposób pozbawiony szacunku, z wyższością, niechęcią, bez uśmiechu i życzliwości?

Czyż jako Nauczyciel nie powinna być wolna od „nieczystości", czyli negatywnych emocji?...

ROZDZIAŁ 49

Ja wam pokażę!

Ja wam pokażę!

Nikt nigdy nie był w stanie zmusić mnie do czegoś, czego nie chciałam. Uciekałam, buntowałam się, stawiałam wszystko na jedną kartę – nawet wtedy, kiedy ryzykowałam utratą pracy albo czegoś równie ważnego.

Nie zmusicie mnie!

Zobaczycie jak potrafi się buntować pacjent podczas „operacji na otwartym mózgu", na którą nie wyraża zgody!!!

Zacisnęłam pięści.

Ja wam pokażę!!

Byłam jak wulkan, który zbyt długo siedział w uśpieniu. Teraz wreszcie mam ochotę wybuchnąć! Nic mnie nie powstrzyma!!!

Czułam jak gniew dymi mi z czubka głowy i wcale nie próbowałam go powstrzymać. Byłam zła! Byłam rozzłoszczona, że ktoś usiłuje mnie zmusić do zrobienia czegoś wbrew mojej woli! Że odmawia mi się prawa do podejmowania samodzielnych decyzji.

Nie zgadzam się na to! Będę walczyć! Będę kopać, bić i protestować jeśli będzie taka potrzeba! Porwę cały ośrodek do walki o niepodległość naszych myśli! Nie zgadzam się na więzienie i przemoc!

Oczywiście, że mam rację!
Nikt nie ma prawa uzdrawiać kogoś wbrew jego woli!

Popamiętacie mnie!

Utrudnię wam życie tak, że sami będziecie chcieli się mnie pozbyć!
A jak wrócę do Polski, to napiszę list protestacyjny! I napiszę w Internecie całą prawdę!

I wy, z tym swoim wywyższaniem się, surowymi zasadami i ponurymi twarzami! Sami chyba nie doznaliście nigdy oczyszczenia skoro nie umiecie się cieszyć życiem. Chcecie wytresować swoje ciała w pokornym posłuszeństwie wobec waszych myśli? To dlatego nie wolno się poruszać nawet wtedy kiedy twoja noga błaga o pomoc? I co wam z tego przyjdzie? Bezduszna uległość, która prędzej lub później zamieni się w jakąś formę przemocy skierowaną przeciwko wam – na przykład pod postacią choroby, która zacznie toczyć wasze ciała? Bo przecież pełne, szczęśliwe, dobre życie to umiejętność znalezienia i utrzymania wewnętrznej równowagi opartej na życzliwości i przyjaźni. A nie jakiejkolwiek formy przemocy, także wobec samego siebie!

Tak siedziałam i złorzeczyłam w myślach.

Czułam się całkowicie usprawiedliwiona. Miałam rację, że czułam gniew. Miałam rację, że postanowiłam walczyć o siebie. Miałam rację, że sprzeciwiam się przemocy. Miałam rację, że chcę uciec. Miałam rację we wszystkim.

O tak! Byłam zła i chciałam być zła!
Miałam rację i chciałam to wszystkim udowodnić!
JA byłam urażona!
JA czułam się zniewolona!
JA byłam oburzona, że ktoś potraktował mnie z lekceważeniem!
JA chciałam odwetu!
JA!...

I nagle dotarła do mnie oślepiająca jak błyskawica myśl.
Zaraz!

A czy JA właśnie nie zachowuję się w tej chwili dokładnie tak samo jak ci, których chcę ukarać???

Bo co mną właściwie kieruje? Szczerze!

– No? – rzuciłam wyzwanie samej sobie. – Masz odwagę przyznać się do swoich prawdziwych uczuć?

– Urażona duma – odpowiedziałam sobie uczciwie. – I zraniona ambicja, że ktoś ma czelność mi rozkazywać.

– Więc właściwie wcale nie zastanowiłaś się nad tym czy rzeczywiście pobyt tutaj będzie dla ciebie słuszny, czy nie, tylko od razu dałaś się ponieść urażonej ambicji? – zapytałam samą siebie.

– No tak – przyznałam się sobie w myślach.

I od razu się uśmiechnęłam.

Dawno temu nauczyłam się być uczciwa wobec siebie. Stuprocentowo uczciwa. To daje największą i najprawdziwszą wolność, jaką można sobie wyobrazić.

Bo naprawdę jedynym realnym zniewoleniem jest to, co nosisz w swoich myślach. A nie to, co dzieje się dookoła.

Dlatego że to co się dzieje to tylko pewna rzecz pozbawiona koloru i emocji. Ty nadajesz jej barwy i znaczenie poprzez to, co o tym myślisz. A myślisz o tym w taki sposób, jak każe ci to robić twoja podświadomość – a raczej to, co w niej dawno temu zostało zapisane.

Siedziałam więc na betonowym murku oświetlonym ciepłymi promykami tropikalnego słońca i uśmiechałam się do siebie.

Ja – więzień.

Ja – pacjent, który zwiał ze stołu operacyjnego podczas „zabiegu na otwartym mózgu".

Ja – przed chwilą jeszcze wściekła jak dymiący wulkan, a teraz rozbawiona tym jak dałam się ponieść próżności, dumie i ambicji.

Gdybyś chciał kiedyś znaleźć najgorszych doradców świata, to właśnie ich pytaj o radę – urażoną ambicję, przerośniętą dumę i egocentryczną próżność. To oni podsuną ci gniew, nienawiść, przekleństwa, kłamstwa i chęć zemsty. Porwą cię w otchłań destrukcyjnego działania, które jest skierowane przeciwko komuś albo czemuś, ma coś komuś udowodnić, dać nauczkę, odegrać się. To właśnie dlatego na świecie ciągle toczą się wojny. Nie tylko te między państwami, także te mniejsze, między ludźmi.

Bo łatwiej jest dać się ponieść negatywnym emocjom, urażonej dumie i chęci zemsty niż zdobyć się na wysiłek i znaleźć w swoim sercu życzliwość, przebaczenie i dobro.

A przecież to jest najważniejsze.
To jest najważniejsze w życiu!
Tak, jestem o tym stuprocentowo przekonana!

Jeżeli cokolwiek jest ważne i jeżeli cokolwiek ma w życiu sens, to właśnie to. I tylko to.

I jeżeli naprawdę w to wierzę, to przecież nie mogę jednocześnie mówić „lubię cię, szanuję cię, życzę ci wszystkiego najlepszego" i wyruszać na wojnę z bronią w rękach!

Prawda?
No jasne!

– Jeżeli naprawdę wierzysz w dobro i miłość, to nadeszła właśnie dla ciebie chwila próby! – powiedziałam do siebie.

A więc to tak!
A więc to właśnie po to miałam tu przybyć! – uśmiechnęłam się.
– Teraz rozumiem!

Tak, tak, bo to właśnie w taki sposób życie cię sprawdza. Weryfikuje to, w co wierzysz. Sprawdza czy głosisz to tylko w teorii, czy też jesteś gotowy udowodnić to czynem w razie potrzeby.

To właśnie dlatego życie podsuwa ci nieoczekiwane, zaskakujące sytuacje – żeby sprawdzić twoją instynktowną reakcję i to, jak zareagujesz swoim świadomym umysłem i to, jaką decyzję ostatecznie podejmiesz.

Bo o tym jaki jesteś nie świadczą twoje myśli i przekonania, ale to, co robisz.

I to właśnie była moja chwila próby.

ROZDZIAŁ 50

Moja chwila próby

Prawdziwe zwycięstwo odnosisz nie wtedy, kiedy pokonasz tych, których uważasz za swoich wrogów. To tylko powierzchowna walka, która nikomu nie przynosi żadnych trwałych korzyści.

Prawdziwe zwycięstwo zdarza się wtedy, kiedy zdobędziesz się na odwagę zrozumienia prawdziwych emocji, jakie tobą kierują i na wysiłek, żeby zastąpić je pozytywnym, dobrym i konstruktywnym myśleniem.

Czyli prawdziwe zwycięstwo następuje nie wtedy, kiedy doprowadzisz do ukarania winnych, ale kiedy im przebaczysz i postanowisz kierować się dobrem i przyjaźnią.

I tak właśnie postanowiłam zrobić.

Tak, mój gniew był słuszny. Ale skąd się właściwie brał? Z urażonej ambicji, że ktoś mi czegoś zabrania albo mi coś każe. To jest brak pokory i chęć do tego, żeby wywyższać się nad innymi. Nie chciałam, żeby takie emocje rządziły moim postępowaniem.

Odetchnęłam głęboko.

Ptaki śpiewały wesoło na drzewach, tak jakby chciały mi powiedzieć:

– No widzisz? I po co tak się przejmujesz? Życie jest piękne! Szukaj w nim tego, co jest najpiękniejsze zamiast wściekać się na to, co poszło nie po twojej myśli!

– Tak, tak, tak! – odpowiedziałam im. – Tak właśnie zrobię!

Uciekłabym gdyby to było możliwe.

Ale nie mogłam uciec przez trzymetrowy mur.

Miałam więc do wyboru dwie rzeczy: zostać z nienawiścią, buntować się, utrudniać wszystkim życie i walczyć – czyli skupić się na negatywnej stronie mojej sytuacji.

Albo znaleźć w niej dobre strony. Bo przecież takie na pewno są.

Chwilowo moje myślenie jest zaślepione złością, niechęcią i urażoną ambicją, ale jeśli zbiorę moją dobrą wolę i spróbuję poszukać pozytywów, to na pewno je znajdę.

Bo zobacz. Może siódmego albo ósmego dnia tej medytacji dowiem się czegoś bardzo ważnego? Może zrozumiem coś ważnego o sobie?

No tak!

Ale czy właśnie w tej chwili to się nie stało?

Tyle razy wcześniej postanawiałam, że jedyną drogą jest bycie życzliwym i dobrym. W teorii to brzmi super i wydaje się bardzo proste. Ale prawie zawsze kiedy dochodziło co do czego, to unosiłam się czymś,

Prawdziwe zwycięstwo odnosisz wtedy, kiedy zdobędziesz się na odwagę zrozumienia prawdziwych emocji, jakie tobą kierują i zastąpienia ich dobrem i przyjaźnią co wydawało mi się w tamtym momencie całkowicie usprawiedliwione i słuszne, a potem tego żałowałam.

Na przykład kiedy ktoś miał coś naprawić, ale tego nie robił. Byłam zła, że marnuje mój czas, utrudnia mi pracę, jest leniwy i nie wypełnia swoich obowiązków. Pisałam maile, dzwoniłam, popędzałam, groziłam. A potem było mi przykro, że tak się zachowałam. Bo zamiast się wściekać, hałasować i żądać, równie dobrze można to było załatwić z uśmiechem, pogodnie, cierpliwie i bez negatywnych emocji. Prawda?

No i myślę, że w życiu chodzi właśnie o to, żeby rozpoznać te negatywne emocje i nie poddać im się, tylko świadomie wybrać kierowanie się dobrem i pozytywne myślenie.

Oto więc moja chwila próby.

Tyle razy wcześniej przyrzekałam sobie, że następnym razem nie dam się ponieść tym szybkim, powierzchownym, destrukcyjnym emocjom. Nie będę walczyć o swoje, nie będę się złościć, narzekać ani złorzeczyć.

Obiecywałam sobie, że następnym razem będę dobra i życzliwa. Będę wybaczać. Zawsze szukać dobrych stron. Być miła.

A więc tym razem tak zrobię!

Skorzystam z tej sytuacji najlepiej, jak to jest możliwe.

Ile mi zostało dni? Cztery? Dobrze. A więc wykorzystam te cztery dni bez złości, najlepiej jak mogę.

Tak, to prawda, to nieprzyjemne, że jestem zmuszona zrobić coś wbrew mojej woli, ale takie przecież jest życie. Niech to będzie dla mnie dobra lekcja. Nie podoba mi się to, nie znoszę tego, nie chcę tego, ale tak jest i jestem zmuszona to zaakceptować.

Tym razem chcę to zaakceptować bez złości i bez buntu, i zamiast marnować energię na gniew i tupanie nogami, spróbuję odnaleźć się w tej sytuacji w możliwie najlepszy dla mnie sposób.

A więc dobrze.

Zostanę.

Może dowiem się czegoś ważnego. Może jest mi to do czegoś potrzebne. Może tak jest właśnie dla mnie najlepiej?

Wybieram pozytywne myślenie!!!

Przestanę myśleć o tym, że tego nie chcę, nie lubię, że mi to nie pasuje i źle się tu czuję.

Zamiast tego uczciwie i z dobrą wolą rozejrzę się dookoła i znajdę w tym sens. Bo jakiś sens w tym musi być!

To właśnie dlatego życie czasem wrzuca człowieka w sytuacje, przeciwko którym czuje sprzeciw i bunt. Uważa je za niesprawiedliwe, złe, niepotrzebne. Ale jednak życie zmusza i czasem nie ma innego wyjścia. I zwykle wtedy po pewnym czasie człowiek odkrywa, że kiedy pozbędzie się swojej wybujałej ambicji i chęci, żeby zawsze wszystkim kierować i mieć nad wszystkim kontrolę, niespodziewanie znajduje jakiś diament w czymś, co wcześniej uważał za szary, niepotrzebny pył.

A więc dobrze.

Nie chodzi o to, żeby się poddać ze łzami w oczach i czuć się pokonanym.

Wprost przeciwnie.

Moim zdaniem to jest zwycięstwo.

Zwycięstwo nad chęcią władzy i kontroli, nad urażoną dumą, nad egocentrycznym żądaniem, żeby zawsze było tak jak ja chcę, nad gniewem, nad chęcią wywyższania się. Te cechy nie wnoszą do życia niczego konstruktywnego, tylko wyczerpują energię. Są w gruncie rzeczy słabościami.

Chodzi więc o to, żeby je przezwyciężyć.

Odsunąć od siebie złość, poczucie krzywdy i niesprawiedliwości, urazę własnej godności, a zamiast nich przywołać szczerą, uczciwą chęć odnalezienia się w tej trudnej sytuacji i odszukania w niej pozytywnych stron.

Chodzi o to, żeby otworzyć oczy, myśleć życzliwie i z pogodnym sercem.

I tak właśnie zrobiłam.

Moja złość rozpłynęła się jak lody na słońcu.

– Dobrze, pani Solanki Kulo – pomyślałam. – Uśmiecham się do pani. Być może jest pani narzędziem Wyższej Siły, która ma wobec mnie pewien plan i zmusza mnie do czegoś, czego nie chcę.

Zostanę.

Będę się uśmiechać, będę myśleć pozytywnie i najlepiej jak potrafię będę się starała wypełnić ten kurs do końca. Może rzeczywiście powinnam zostać? Może tego właśnie potrzebuję chociaż wcale o tym nie wiem?

Ale mi było dobrze!

Siedziałam na murku, machałam bosymi nogami i uśmiechałam się do słońca.

Tak!

Po co mam się wściekać na coś, na co nie mam wpływu? Spróbuję ze wszystkich sił podejść do tego pozytywnie, odnaleźć się w tym i zaczerpnąć z tego tyle pożytecznego dobra, ile to tylko możliwe.

Hurra!!!!

Zwyciężyłam!!!

Zwyciężyłam to, co jest najtrudniejsze, czyli moje własne negatywne emocje. Hurra!!!! Byłam taka szczęśliwa i zadowolona z siebie!

Nagle wszystko stało się jasne. To dlatego miałam nie pojechać do Bangladeszu i po to zostałam zmuszona do zostania w Indiach – żeby trafić tutaj i stoczyć walkę z samą sobą. Walkę zwycięską! Egzamin z życia zdałam na czwórkę.

Super! Wspaniale!

A teraz muszę się jakoś zorganizować.

Potrzebuję więcej spać. Będę chodziła na pierwsze medytacje o 4.30, ale może zrezygnuję z jednej godziny przed lunchem. I z ostatniej godziny po wykładzie. Będę więcej spać i więcej spacerować zamiast siedzieć w zimnej, ponurej hali oświetlonej jedną mdłą żarówką.

Tak, to dobry plan.

Nabiorę sił i będę ćwiczyć pozytywne myślenie.

Gdzie lepiej można trenować pozytywne myślenie jak nie w zaskakującej, trudnej i niechcianej sytuacji?

No właśnie.
Hurra!!!
Będzie dobrze!!!
I wtedy życie znów mnie zaskoczyło.

ROZDZIAŁ 51

Ucieczka!

Nie wiem czy to ja ją szczególnie obserwowałam od samego początku, czy może ona rzeczywiście była wyjątkowa. W każdym razie ze wszystkich dziewczyn, które zapisały się na ten kurs, pamiętam tylko jej imię. Pozostałe jakoś wplotły się w codzienną mozaikę medytacji, mikroskopijnych spacerów po betonowej ścieżce i wspólnego zmywania naczyń w mokrej kuchni. Bez nawiązywania kontaktu wzrokowego, oczywiście.

Miss Norwegii miała coraz brudniejsze skarpety, bo chodziła w nich boso, bez butów. Miss Kolumbii o białych rzęsach, białych brwiach i białych włosach ufarbowanych na rudo podczas medytacji potrafiła siedzieć przez godzinę bez najmniejszego poruszenia. Miss Danii drzemała na swoim krześle i zdarzało jej się cicho chrapać.

A Miss Izraela strasznie się męczyła. Miała katar, zabroniono jej przynosić do sali medytacyjnej papier toaletowy do dmuchania nosa i butelkę z wodą. Ciągle wzdychała, zmieniała pozycję, prostowała nogi, była upominana przez Strażniczkę, czyli Miss Indii Pracowitości, więc znów siadała inaczej, ocierała łzy, wzdychała, w końcu prostowała w desperacji nogi, wtedy wracała Strażniczka, kazała je podkurczyć i tak w kółko.

Miała na imię Mai.
I to ona uciekła pierwsza!!!

Ja to właściwie czułam przez skórę. Wieczorem piątego dnia po wykładzie i ostatniej medytacji Miss Izraela też została na swojej poduszce, żeby porozmawiać z Panią Nauczycielką. Myślę, że w tej samej sprawie, o której ja rozmawiałam z nią następnego dnia. Próbowałam porozumieć się z nią wzrokiem, ale Mai przestrzegała zakazu jakiegokolwiek kontaktu i chodziła z oczami wbitymi w ziemię. Widziałam, że ma spuchniętą twarz i czerwone oczy, tak jakby długo płakała. A może ona płakała przez cały czas i dlatego nigdy nie chciała na nikogo spojrzeć.

No, w każdym razie przyszedł moment, kiedy Miss Izraela dłużej nie mogła tego wytrzymać.

Zobaczyłam jak idzie w stronę zakazanej strefy przy bramie. Było oczywiste, że za chwilę pojawią się strażnicy i każą jej wracać. Zatrzymałam się.

W jej kroku było coś dziwnego. Jakaś kategoryczna desperacja, ostateczność, silne postanowienie. To nie był miękki spacer w przerwie medytacji, tylko stanowczy marsz prosto do celu. Tyle że tam nie wolno iść. Próbowałam kilka razy i zawsze prawie natychmiast odsyłano mnie z powrotem.

Chciałam zobaczyć co się stanie.

I czekałam.

Czekałam minutę, dwie minuty i nagle mnie olśniło. Ona nie wraca!!!

Ona nie wraca!!!!!!!!!!!!!!!!!!!!!!!!

To znaczy, że?....

Czym prędzej ruszyłam za nią. Prawie biegiem.

Minęłam kuchnię i jadalnię. Były ciche i puste.

Minęłam kwatery strażników.

Nikt do mnie nie wyszedł! Nikt mnie nie zatrzymał! Strażnicy znikli!!!

Skąd Miss Izraela wiedziała, że właśnie teraz jest ten moment? Może obserwowała ich wcześniej? Może była z kimś w zmowie?... Nie mam pojęcia.

Wiem tylko tyle, że jakimś cudem żaden strażnik nie pojawił się na ścieżce, a ja dotarłam aż do pierwszego dziedzińca i tam zobaczyłam Mai. Stała naprzeciwko stuletniego staruszka w białej szacie i coś mu tłumaczyła zalewając się łzami.

Nie słyszałam co mówiła, ale natychmiast domyśliłam się o co chodzi.

Podbiegłam do nich i zawołałam żarliwym szeptem:

– Ja też!!! Ja też!!!

Miss Izraela spojrzała na mnie przez łzy trochę zaskoczonym wzrokiem. No bo skąd się tam nagle wzięłam? I skąd wiedziałam o czym ona rozmawia? Nie wiedziałam. Ale czułam.

Staruszek był wysoki, bardzo szczupły, opierał się o wędrowny kostur, tak jakby tylko przystanął tu na moment w dalekiej podróży. Był ubrany w długie do ziemi szaty. Powiedział coś w języku hindi. Na dziedzińcu pojawił się karzeł. Ten sam, którego spotkałam pierwszego dnia! Z wąsami, poważną twarzą, ubrany w koszulę, spodnie i wełnianą kamizelkę.

Staruszek powiedział znów coś do niego.

Nie znam języka hindi, ale znów doskonale wiedziałam o co chodzi. Spojrzałam uradowana na Miss Izraela. Zmarszczyła czoło, spojrzała niepewnie na staruszka.

– I nasze bagaże! – podsunęłam bezczelnie. – Z depozytu!

Mai zamrugała ze zdumieniem.

Staruszek wydał polecenie karłowi, który posłusznie cofnął się i wrócił z pękiem kluczy. A następnie znikł za niebieskimi drzwiami. I zapadła długa, bardzo długa cisza.

Nikt nic nie mówił.

Staruszek stał oparty o swój kij i patrzył w przestrzeń.

Miss Izraela zupełnie zagubiona pociągała nosem i ocierała oczy.

A ja czekałam na powrót karła. I nie chciałam niczego mówić, żeby nie rozbić tej cudownej chwili oczekiwania aż zdarzy się to, o czym tak bardzo marzyłam.

Nie miałam żadnej gwarancji, że tak będzie. Nie mam pojęcia co staruszek powiedział karłowi ani w jakim to było języku. Wiem tylko tyle, że z wyrazu jego twarzy, brzmienia głosu, z gestu, ze wszystkiego, co istniało w tamtej chwili na dziedzińcu wyciągnęłam milczący i niewypowiedziany wniosek, że za chwilę zostanę uwolniona. I czułam tylko jak wzbiera się we mnie potężna, cudowna fala radości. Nie miałam żadnego dowodu na to, że tak będzie. A jednak nie miałam nawet najmniejszej wątpliwości. To się za chwilę stanie!!!!!!

Tak, to się za chwilę naprawdę wydarzy!!!!

– Hurraaa!!!! – śpiewało moje serce. – Hurrrraaaaaa!!!!

Nogi rwały mi się do tańca, ale stałam nieruchomo, żeby żadnym gestem i żadnym słowem nie zakłócić biegu zdarzeń.

I nagle zza niebieskich drzwi wychyliła się głowa karła, który powiedział:

– *Number?* Numer?

– *Number seven!* – odpowiedziałam bez namysłu. To był numer mojego pokoju i jednocześnie numer depozytu[31].

– Numer?.. – powtórzyła trochę skołowana Mai.

– Depozyt! Numer twojego pokoju! – wyjaśniłam pośpiesznie szeptem.

Uciekajmy jak najszybciej zanim wrócą strażnicy!

– Numer jeden! – powiedziała Mai, a w jej oczach błysnął uśmiech. Ona też chyba właśnie poczuła zbliżającą się wolność. – Numer jeden! Szybko!

---

[31] Dla uważnych wyjaśnienie: mieszkałam w pokoju numer cztery. Najpierw jednak przydzielono mi pokój numer siedem, którego małe, zakratowane okienko wychodziło na północ, czyli tam, gdzie nigdy nie ma słońca. Dlatego poprosiłam o zmianę pokoju i jeszcze pierwszego dnia przeniosłam się do pokoju numer 4.

Karzeł znikł. Na długo.

– Będzie dobrze! – pomyślałam.

To jest moja nagroda!!!

To jest moja nagroda za to, że postanowiłam kierować się dobrem!!! Nie uległam podszeptom urażonej ambicji, dumy i próżności. W pierwszej chwili, tak, oczywiście, dałam się im zawładnąć. Chciałam walczyć, mścić się, robić rewolucję. Ale potem przypomniałam sobie, że przecież nie tędy droga! Jestem głęboko przekonana o tym, że walka i agresja tylko wywołują więcej walki i agresji, i nie prowadzi do niczego dobrego. Dla nikogo.

I ciągle powtarzałam, że jedyną drogą jest dobro.

I to właśnie wybrałam!!!

W ciężkiej dla mnie chwili, kiedy zmagałam się z trudnym do zaakceptowania poczuciem zniewolenia, przemocy, przymusu, strachu i zagrożenia, świadomym wysiłkiem postanowiłam odszukać w sobie pozytywne nastawienie, pokój i dobro, i uczciwą chęć odnalezienia w tym sensu i dobrych stron.

To było bardzo trudne.

Ale zrobiłam to!!!

Udało mi się!!!

I dlatego dostałam w nagrodę wolność!!!

Jestem pewna, że gdybym nie zmieniła sposobu myślenia o sytuacji, w jakiej się znalazłam, gdybym dała się ponieść negatywnym emocjom, poczuciu krzywdy, niesprawiedliwości, oburzenia, wyższości i tak dalej, to musiałabym zostać w tym więzieniu do końca.

Ale ja wybrałam dobro!!!!

Hurra!!!!!

Staruszek patrzył na mnie dobrotliwie, tak jakby wiedział o czym myślę.

Nagle pojawił się karzeł z dwoma plecakami.

Hurra!!!

Nasze depozyty!

Nawet nie zajrzałam do środka czy wszystko jest w porządku.

– Dziękuję! Dziękuję! – powtarzałam. – *I am so happy!*[32]

Karzeł patrzył na mnie surowym wzrokiem, staruszek uśmiechał się pogodnie, a Mai była chyba wciąż zaskoczona takim obrotem sprawy.

– Musimy przynieść resztę bagaży! – szepnęłam do niej. – Biegnij pierwsza, ja tu poczekam.

Schowałam się z plecakami za kolumną. Serce mi biło jak szalone. Jeszcze kilka minut, kilka minut, żeby tylko nie pojawili się strażnicy!

Ale wydawało się, że stuletni staruszek przejął straż. I wiedziałam – choć znów nie wiem skąd – że on dopilnuje tego, żebyśmy mogły swobodnie odejść. I tak się właśnie stało.

---

[32] *I am so happy!* – (ang.) Jestem taka szczęśliwa!

ROZDZIAŁ 52

Teraz albo nigdy!

– Och, dziękuję, kochany panie, dziękuję! – powtarzałam w myślach do staruszka.

I biegłam na czubkach palców z powrotem do mojej celi.

Czułeś się kiedyś jak James Bond?

Albo jak Indiana Jones? Terminator? Zorro?

Jak żołnierz na terytorium wroga?

Jak ktoś, kto musi przedostać się przez niebezpieczny teren pełen pułapek i czyhających nieprzyjaciół?

Ja tak.

Właśnie wtedy.

Musiałam dotrzeć do celi, spakować moje rzeczy, a potem wrócić z nimi do bramy, niezauważona przez nikogo. Jeśli zobaczy mnie Hinduska Strażniczka, Miss India Pracowitości, która sokolim wzrokiem

Czy czułeś się kiedyś
jak James Bond?
Albo jak Indiana Jones?
Zorro?
Terminator?

i z wilczą czujnością pilnowała, żeby wszystko przebiegało zgodnie z regulaminem, na pewno wezwie pomoc.

Weszłam do celi, błyskawicznie spakowałam torbę. Stanęłam przy drzwiach i przez szparę obserwowałam dziedziniec.

Gdzie są wszyscy? Czy był już dzwonek na medytację?

Jest tylko jeden moment, kiedy można uciec. Między dzwonkiem na medytację, kiedy wszyscy idą do wspólnej sali, a chwilą, kiedy Strażniczka zorientuje się, że kogoś brakuje i postanowi go szukać.

Ale czy to jest ten czas?

Nie miałam zegarka, a przy bramie mogłam nie słyszeć dzwonka. Gdzie są dziewczyny?

Nie ma czasu, żeby biec do Sali Medytacyjnej i sprawdzić czy pod drzwiami stoją buty.

Uchyliłam drzwi, gotowa biec, ale nagle na dziedziniec weszła pośpiesznym, zniecierpliwionym krokiem strażniczka, i jednocześnie stuknęły drzwi jednej z cel. Przez szparę zobaczyłam Śpiącą Miss Indii, młodą hinduską dziewczynę, która ciągle zasypiała podczas medytacji i po prostu opadała głową na podłogę. Teraz też pewnie przysnęła i była spóźniona.

Strażniczka skinęła głową na jej widok i ponagliła ją gestem.

Dziewczyna narzuciła na głowę szal, przygięła się w przepraszającym ukłonie i pobiegła na medytację. Czyli był już dzwonek.

Strażniczka zatrzymała się z takim wyrazem twarzy, jakby usiłowała sobie coś przypomnieć, zmarszczyła czoło i rozejrzała się.

Wyprostowałam się, cofnęłam od szpary i wstrzymałam oddech. Żeby tylko nie usłyszała mojego serca, które waliło ze strachu jak dudniący młot.

– Nie ma mnie tutaj!! – pomyślałam i zamknęłam oczy.

Chciałam się wtopić w ciszę i mrok mojej celi, zniknąć, rozpłynąć się na chwilę w powietrzu.

Bo przecież łatwo można wyczuć czyjąś obecność, nawet jeżeli ten ktoś stoi nieruchomo i oddycha jak najciszej.

Dlatego nie chciałam patrzeć na Strażniczkę, bo mogłaby poczuć mój wzrok. Cofnęłam się, zamknęłam oczy i usiłowałam zniknąć. Nie myśleć o niczym, stopić się w jedno z ciemnością i nieruchomym powietrzem.

Zawisłam w ciszy. Nie wiem na jak długo.

A potem otworzyłam oczy, przysunęłam się do szpary i wyjrzałam na zewnątrz.

Strażniczki nie było.

Nie słyszałam jej kroków, nie wiem kiedy odeszła i czy rzeczywiście już jej nie było. Być może stoi pod moimi drzwiami i czeka na mnie. Ale nie.

Czułam, że to jest ten jeden, jedyny, wyjątkowy moment. Teraz albo nigdy.

Dźwignęłam jedną ręką torbę z pryczy, uchyliłam drzwi i wyszłam na zewnątrz.

Zatrzymałam się przy bramie do żeńskiej kwatery, sprawdziłam czy ścieżka jest wolna, a potem pobiegłam boso, na palcach, jak najciszej, w stronę kuchni, jadalni, obok wciąż zaskakująco pustych kwater strażników i dotarłam aż do bramy.

Hurra!!!

Mai położyła palec na ustach.

Skinęłam głową.

Staruszek gdzieś znikł, ale czułam jego obecność.

Czuwał nad nami jak Anioł Stróż.

Karła też nie było.

Byłyśmy tylko my dwie i brama. Bez łańcucha i kłódki!

Uchyliłam ją odrobinę, tylko tyle, żebyśmy mogły się przecisnąć na drugą stronę.

Dwa kroki, trzy, cztery, wolność!!!!!

Wolność!!!!

Hurra!!!!!!!!!!!!!!!!!!

ROZDZIAŁ 53

Trudna miłość

Śmiałam się na cały głos. Byłam taka szczęśliwa!!!!

Siedziałyśmy z Mai ściśnięte na ławeczce w rikszy, z walizkami na kolanach, a ja nie mogłam przestać się śmiać. Aż mi zęby wyschły, bo taka byłam radośnie wyszczerzona.

Wolna!!!!! Wolna!!!!!!!

Wolna!!!!!

Nawet nie zdajesz sobie sprawy z tego jakim cudem jest bycie wolnym człowiekiem!

Kiedy masz to na co dzień, przestajesz doceniać taką prostą rzecz jak choćby to, że sam decydujesz o tym co robisz, kiedy idziesz spać, co jesz, jak długo pracujesz i w jaki sposób odpoczywasz.

Wyobraź sobie siedzieć przez dziesięć godzin codziennie w ciemnej, zimnej hali. Bez prawa wyboru.

Teraz rozumiesz?...

Riksza podskakiwała na wertepach. Był cudowny, ciepły, słoneczny dzień.

Hurra, hurra, hurra!!!... Jestem wolna! Wolna! Wolna!!!

Spojrzałam na Mai.

Chyba w tamtym momencie pomyślałyśmy o tym samym.

– Nieźle nas skołowano – roześmiałam się.

– Kazali oddać wszystkie telefony i inne środki komunikacji, żebyśmy nie mogli wezwać policji ani ambasady. Kazali oddać paszporty i pieniądze, żebyśmy nie mogli uciec. Kazali oddać wszystkie przybory do pisania, więc nie mogliśmy nawet napisać listu.

– I zakazali rozmawiać, żebyśmy nie mogli się poskarżyć – uzupełniłam.

– Tak działa sekta.

– Ale to byłaby pierwsza buddyjska sekta na świecie!

– Nie rozumiem tego – powtarzała Mai i kręciła z niedowierzaniem głową. – Nikt mnie wcześniej nie potraktował w taki… taki… – zabrakło jej słowa.

– Dziwny? – podsunęłam.

– Taki… – szukała dalej.

– Zaskakujący?

– Poniżający! W taki poniżający sposób. Czułam się jak śmieć.

– To jest operacja na twoim otwartym mózgu! – usłyszałam znów w myślach głos Pani Nauczycielki. – Ja nie pozwalam ci odejść!

Wzdrygnęłam się.

– A teraz jedziesz do miejsca, które już znasz? – zapytałam, żeby zmienić temat.

– Tak, do hotelu, gdzie mieszkałam z moim chłopakiem. Mam nadzieję, że on tam wciąż jest, bo mieliśmy trochę... problemów...

Była smutna. Chyba płakała przez całą noc, i to nie tylko z powodu niewoli.

– Wiesz jak to jest – odezwałam się po chwili. – Ludzie przyciągają się wzajemnie dlatego, że są tacy sami. Pozornie mogą być różni, ale w głębi duszy są tacy sami. Jeśli ona ma problemy, to znaczy, że on też je ma. I to ich właśnie do siebie przyciągnęło. Taki sam emocjonalny chaos i rozchwianie.

Mai otarła łzę.

Riksza turkotała po spalonej ziemi.

– I wtedy mogą się zdarzyć dwie rzeczy – podjęłam. – Albo obie osoby w tym związku winią siebie nawzajem, albo jedno bierze winę na siebie. I nic z tego nie wynika, więc walczą i kochają się na zmianę. Zrywają, wracają do siebie, oboje nieszczęśliwi i z poczuciem, że ten związek ich zniewala.

– No właśnie – Mai podniosła głowę.

– Jest tylko jedno wyjście, uwierz mi, bo znam to ze swojego doświadczenia.

– Trzeba odejść? – podsunęła smutno Mai.

– Nie. Trzeba się zająć swoimi problemami. Zadbać o swoją duszę i stan emocji. Dać sobie prawo do życia, do błędu, do miłości, do spełniania swoich marzeń. Zająć się swoim życiem. Wtedy nawet nie zauważysz kiedy on też zacznie się zmieniać. Ale trzeba zacząć od siebie. Nie patrzeć na niego i nie mówić: „No zobacz, ja pracuję nad sobą, zdobywam się na wysiłek, żeby ratować nasz związek, a ty? Ty nic nie robisz!". Zostawić tę drugą osobę w spokoju. Zająć się w stu procentach naprawianiem swojego sposobu myślenia i swojego życia.

– No tak, ale najpierw chyba obie osoby w tym związku powinny o tym wiedzieć, prawda? – zapytała Mai. – Że odbywa się taki proces?

– Nie, wcale nie! – odpowiedziałam od razu. – Wystarczy, że jesteś ty i ty zaczynasz zmieniać siebie. Pracujesz nad sobą – nad swoimi emocjami, nad poczuciem własnej wartości, asertywnością, pozytywnym myśleniem. Naprawdę! I po pewnym czasie staną się dwie absolutnie fantastyczne rzeczy. To znaczy jedna z nich: zrozumiesz, że na pewno nie chcesz być z tym mężczyzną i odejdziesz. Albo spojrzysz na niego i będziesz pewna, że chcesz z nim być. Bez wątpliwości.

– To jest właśnie najgorsze – przyznała Mai. – Że ja nie wiem czy chcę z nim być.

– I on nie wie czy chce być z tobą – uzupełniłam. – Tak właśnie jest w takich związkach. Szarpiecie się, myślicie, że to jest trudna miłość, a w rzeczywistości to jest tylko związek dwóch udręczonych dusz, które w drugiej osobie nieświadomie szukają tego, czego im brak.

– No chyba zawsze tak jest?

– No coś ty! Tak jest tylko wtedy, kiedy obie osoby w tym związku cierpią na brak poczucia własnej wartości i wewnętrzny chaos. Ale wystarczy, że jedna z nich zacznie na serio pracować nad sobą – nie na rzecz tego związku i nie dla tej drugiej osoby, ale po prostu, żeby poznać swoje emocje, popracować nad swoim sposobem myślenia, i zrobić to dla siebie, po prostu po to, żeby mieć lepsze życie – i kiedy robi to jedna osoba w związku, druga też zaczyna, niezależnie od siebie. I to jest w tym wszystkim najlepsze.

– Nie razem?

– Nie – powiedziałam z przekonaniem. – Nie chodzi o to, żeby zrobić to razem z nim. Ty masz to zrobić dla samej siebie.

– No ale można z nim?

– Wiesz o co chodzi. On zrobi to dopiero wtedy kiedy sam będzie na to gotowy. A ty jesteś gotowa już teraz. Więc zamiast czekać aż on się zbierze w sobie i będzie mógł za tobą nadążyć, ty po prostu zrób to.

– A co z nim?

– Nic! Nic się nie zmienia! Jesteście razem, tyle że ty zaczynasz na serio pracować nad sobą – nad swoją duszą, nad swoim poplątaniem emocji, nad swoim poczuciem wartości, nad świadomością tego czego chcesz w życiu.

Mai spojrzała na mnie czerwonymi, podpuchniętymi oczami. Było mi jej żal. Ale wiesz jak to jest. Każdy żyje swoje życie. I każdy podejmuje takie decyzje, na jakie jest gotowy. Inaczej nie można.

ROZDZIAŁ 54

Czerwony szalik

A czy ty wiesz co to jest białe prześcieradło? Białe, czyste, pachnące?...

To jest po prostu czysta rozkosz!!!

Aaaaa!!!

Usiadłam z zachwytem na łóżku.

Będę spała w prawdziwym łóżku!!! Na prawdziwej pościeli!!! Na czystej poduszce!!! Hurra!!!

Wolność!!!

Gorący prysznic!!!! Aaaa!!! Zapomniałam jakie to fantastyczne uczucie!!!

Szczęście!!!

Wziąć gorący prysznic, a potem wyjść na słoneczną ulicę i zobaczyć wózek, na którym stoi gorący garnek pełen ciecierzycy w żółtym sosie.

Galeria multimedialna: zeskanuj zdjęcie i zobacz zaułki Varanasi.

Obok w plastikowym pojemniku piętrzą się małe smażone placki. To mój obiad!!!

– *Good afternoon!*[33] – mówię radośnie.

Sprzedawca i kucharz w jednym kiwa głową. On właściwie nie jest ani handlarzem, ani kucharzem, jest po prostu osobą podającą rano miejscowy przysmak zwany *kachori*. Żona pewnie ugotowała ten gar małej, brązowej, indyjskiej odmiany ciecierzycy, a on co rano popycha wózek w bardziej ruchliwe miejsce i cierpliwie sprzedaje pojedyncze, małe porcje po dwadzieścia rupii.

Mała miseczka z liści bananowca. Dwa placki pokruszone palcami na mniejsze kawałki, polane łyżką gorącej ciecierzycy, dwoma sosami i posypane siekaną fioletową cebulą.

---

[33] *Good afternoon* – (ang.) Dzień dobry (używane po 12 w południe).

Wiesz jakie to jest dobre??!!!

W taki głodny, słoneczny, wspaniały dzień nad brzegiem Gangesu!

Jem z radością i wdzięcznością. I czuję, że ktoś mnie obserwuje.

Tak jest w życiu, że niektórzy ludzie są sobie pisani. Dostrzegają siebie w tłumie innych, coś ich do siebie przyciąga, i w jakiś sposób znacząco wpływają na siebie nawzajem.

Odwróciłam się.

Szczupły, czarnooki Hindus w niebieskim swetrze. Miał na szyi śliczny czerwony szalik z zielonym i niebieskim paskiem. Gdyby nie ten szalik, pewnie wszystko potoczyłoby się inaczej. Ale ten szalik był zastanawiający. Intensywnie czerwony, miękki, delikatny, taki jakby trochę niemęski, a jednocześnie w pewien sposób wyzywający, trochę jak prowokujący akt odwagi.

– *Hello, madame* – odezwał się z uśmiechem. – Riksza?

– Nie, dziękuję – odrzekłam od razu.

Chwilowo mam dosyć siedzenia. Chcę chodzić na piechotę. Daleko.

Jest bosko!

Wystawiam twarz do słońca.

– *Hello, madame!* – mówi znów gość w niebieskim swetrze, tak jakby wcześniej nic się nie zdarzyło. – Riksza?

– Nie, dziękuję – odpowiadam tak samo pogodnie jak poprzednio.

Pójdę wzdłuż Gangesu aż do końca, tak daleko, jak będą ciągnęły się te niesamowite schody. A jutro rano…

– Riksza, *madame,* riksza? – proponuje znów gość w niebieskim swetrze.

– Nie, dziękuję – kręcę przecząco głową. Na pewno. Bardzo dziękuję, ale nie.

– Może jutro?

– Może jutro – zgadzam się dla świętego spokoju.

...A jutro wstanę bardzo wcześnie i przyjdę nad Ganges przed świtem. Wtedy można wynająć łódkę i płynąć wzdłuż ghat razem ze wstającym słoń...

– *Madame,* może chcesz kupić jedwab? Zawiozę cię.

– Nie, dziękuję.

– To niedaleko, w dzielnicy muzułmańskiej, mają najlepsze ceny!

– Nie, dziękuję.

– A może chcesz zobaczyć świątynię Hanumana?

– Nie, dziękuję.

– Może jutro?

– Może jutro.

– A dzisiaj co?

– A dzisiaj tylko sobie spaceruję.

– A dokąd?

– A tak sobie idę przed siebie.

– Zawiozę cię gdzie chcesz, mam rikszę – namawia łagodnie, ale nieustępliwie.

– Nie, dziękuję – odpowiadam tak samo.

– Może jutro? – próbuje znowu.

– Może jutro – zgadzam się cierpliwie.

– Będę tu czekał.

– Dobrze – uśmiecham się.

Hurra!
Co za szczęście!
Gorąca ciecierzyca
w żółtym sosie
i placki!

Galeria multimedialna:
zeskanuj zdjęcie i zobacz film
z centrum Varanasi po deszczu.

Rozśmiesza mnie ta natarczywość.

Ale ja wiem jak to jest.

On chce sprzedać coś, co mogłoby mi być potrzebne, musi tylko odpowiednio sformułować swoją ofertę – tak, żeby ją dopasować do moich potrzeb. Dlatego proponuje mi jedwab, świątynię, muzeum, zwiedzanie i inne rzeczy. Może w końcu trafi w coś, co mnie zainteresuje.

Ha!

I nagle uświadamiam sobie jak to właściwie jest! Europejczycy czasem skarżą się, że w krajach arabskich i w Indiach ludzie tak namolnie i natarczywie oferują swoje usługi i że to jest „nie do zniesienia".

Ale to jest w gruncie rzeczy nieporozumienie i pomieszanie pojęć, dlatego że Europejczykom tak naprawdę nie przeszkadza nieustępliwy upór miejscowych, tylko ich własna złość i brak cierpliwości. Wściekają się, że muszą po raz dziesiąty odpowiedzieć przecząco na powracającą propozycję kupna czajnika, jedwabnego szala albo innej pamiątki.

Najbardziej przeszkadzają im ich własne emocje, a nie to, że ktoś uparcie chce im coś sprzedać.

To właśnie zrozumiałam kiedy rikszarz w niebieskim swetrze po raz dziesiąty zapytał czy pojadę rikszą, a ja spojrzałam na niego, uśmiechnęłam się i powiedziałam po raz dziesiąty, że dziękuję, nie pojadę.

I zrozumiałam, że to jest właściwie pewna gra. On wie z doświadczenia, że jeżeli odpowiednio sformułuje swoją ofertę, to ja ją w końcu kupię. Pozostaje tylko znaleźć odpowiedni sposób! Próbuje więc wszystkimi znanymi metodami – na tani jedwab, na świątynię małp, na muzeum, nawet na współczucie:

– *You only second customer today!...* [34]

Aż w końcu mówi:

– *Easy price, madame.* [35]

– Nie, dziękuję – powtarzam jak refren.

– *Easy price* – mówi trochę bezradnie i dotyka palcami swojego fajnego szalika.

Milczę. Nie dlatego, że się zastanawiam, ale żeby dać do zrozumienia, że nie chcę już dłużej prowadzić tej rozmowy.

---

34 *You only second customer today* – (ang.) Ty dopiero drugi klient dzisiaj!

35 *Easy price, madame* – (ang.) Łatwa (przyjemna, lekka) cena, proszę pani.

Zamawiam jeszcze jedno *kachori*, czyli pokruszony placek polany gorącą ciecierzycą.

– Dzisiaj najlepszy dzień, żeby zobaczyć dzielnicę muzułmańską – namawia rikszarz. – *Easy price.* Dobra cena.

– Tak? A jaka jest twoja cena? – pytam w końcu, żeby móc odpowiedzieć, że nie podoba mi się ta cena i zakończyć rozmowę.

A on na to:

– *Madame*, ty mi powiesz ile chcesz zapłacić. A ja będę szczęśliwy.

– No coś ty? – patrzę mu w oczy. – Serio?

– O tak, tak! – odpowiada od razu. – Ty mi powiesz jaka cena.

– Naprawdę? – dopytuję, bo czegoś takiego jeszcze nie słyszałam.

Mniej więcej wiem jakie są ceny, więc mogłabym uczciwie zapłacić bez długiego targowania się, a jednocześnie mogłabym zobaczyć kilka ciekawych miejsc w okolicy.

– *Yes, madame* – odpowiada rikszarz z zapałem.

– Jesteś pewien?

– *Yes, madame!*

– I ty będziesz szczęśliwy?

– *Oh yes, madame!* Ja będę szczęśliwy!

A więc dobrze! Mam swojego rikszarza!

ROZDZIAŁ 55

W mojej rodzinie

– *My name Sajee* – powiedział rikszarz. – Moje imię Sajee. A twoje?

– Moje imię Beata – odrzekłam w tym samym trochę łamanym angielskim.

– Ty jaki kraj, *madame*?

Tu w Indiach to jest zawsze otwierające pytanie.

– Polska – odpowiadam cierpliwie.

– Ile dzieci? – to też jest obowiązkowe pytanie. I mam już z góry przygotowaną odpowiedź.

– Dwoje. Chłopcy.

– Ile lat?

– Jedenaście i czternaście – kłamię jak z nut, ale w lepszym celu.

Każdy człowiek przychodzi na świat po to, żeby założyć rodzinę i mieć dzieci. W niektórych kulturach to jest zrozumiałe samo przez się. Wszyscy tak robią. Jeżeli ktoś tego nie robi, to zachowuje się dziwnie i podejrzanie. No i musi się wtedy gęsto tłumaczyć. Gdybym powiedziała rikszarzowi prawdę – że nie mam męża i nie mam dzieci, że zawsze chciałam być wolna, więc jestem – nie zrozumiałby tego. Pomyślałby, że coś jest ze mną nie w porządku, że może mam jakiś wstydliwy problem, który usiłuję ukryć, albo że próbuję go oszukać, albo że jestem narkomanem, przemytnikiem, przestępcą lub inną nieszczęsną istotą, która czyni zło.

Gdyby mówił dobrze po angielsku, moglibyśmy podyskutować nad życiem i podejmowaniem decyzji, ale jego znajomość tego języka ograniczała się do kilkudziesięciu słów. Nie było sensu komplikować spraw. Dlatego powiedziałam, że tak, oczywiście, mam dzieci, i wcześniej już sobie obmyśliłam ile ich jest.

– A mąż? – zapytał rikszarz.

Tak, oczywiście, to jest kolejne z serii pytań obowiązkowych, na które jestem dobrze przygotowana.

– Został w domu – odpowiadam z uśmiechem.

W razie czego mam już na końcu języka odpowiedź, że mąż jest nauczycielem i pracuje w szkole. Ale rikszarz niespodziewanie zadaje zupełnie inne pytanie:

– A jak ma na imię?

O! To pytanie pojawia się po raz pierwszy.

– John! – wypalam.

Uśmiecham się pod nosem. Aha, czyli jeśli mam już męża i dwóch synów, to powinnam znać imiona ich wszystkich, na wszelki wypadek, gdyby pojawiło się takie pytanie. No tak, oczywiście – chichoczę w myślach – jeśli mój mąż ma na imię John, to synkowie nazywają się Paul i George.

Śmieję się do samej siebie. Wiatr rozwiewa mi włosy.

Rikszarz musiał mnie obserwować w lusterku wstecznym, bo mówi nagle:

– Masz takie ładne włosy!

– Dziękuję.

– I taki ładny uśmiech!

– Dziękuję – powtarzam cierpliwie.

– Jesteś nauczycielką?

– Nie. Pisarzem.

– Pisarzem do gazety?

– Nie. Pisarzem od książek.

Kiwa głową z aprobatą. Mówiłam ci już, że Indie to kraj inteligentnych ludzi! Szanują kogoś, kto pracuje umysłem.

ROZDZIAŁ 56

Świt nad Gangesem

Było jeszcze ciemno kiedy się obudziłam. Przytuliłam policzek do białego prześcieradła. Rety, jak to cudownie spać w czystej pościeli! Po raz pierwszy od dwóch tygodni!

Umyłam twarz i usiadłam do medytacji. Tak jak każdego dnia podczas kursu.

Medytacja jest dobra. Uspokaja umysł, przywraca wewnętrzną równowagę, dzięki czemu masz jasne myśli i wyraźne poczucie celu.

Po godzinie zadzwonił budzik w telefonie.

Ubrałam się pośpiesznie i wyszłam w noc.

Świat był skąpany w szarości przed brzaskiem. Na wodzie spały puste łódki. Psy zwinięte w kłębki na schodach usiłowały zatrzymać trochę ciepła. Było zimno. Naciągnęłam kaptur na głowę.

– Łódka, *madame?* – zaproponował ktoś spod ciemnego koca nasuniętego na czoło.

– Tak, łódka – przyznałam od razu, bo po to właśnie tu przyszłam.

– Pięćset rupii! – padła natychmiastowa odpowiedź.

Roześmiałam się.

Może kiedyś się do tego przyzwyczaję, ale na razie ciągle mnie to rozśmiesza – że są kraje, gdzie cenę na wejściu zawyża się o kilkaset procent i robi się to w taki jawny, wyzywający sposób.

– *Good price, madame!*[36] Dobra cena!

– Dobra cena – powtarzam po nim. – To jest dobra cena dla mnie czy dla ciebie?

– Jedziemy? – pyta.

– O nie, dziękuję – uśmiecham się.

– A ile chcesz zapłacić, *madame?*

– Sto pięćdziesiąt! – odpowiadam bez namysłu.

– O nie, nie, to niemożliwe! – macha ręką właściciel łódki.

Szarość jaśnieje. Już wyraźnie widać rzekę, schody, krowy i psy. Twarz przejętego przewodnika, który prowadzi grupkę europejskich turystów do wcześniej podstawionej łodzi. Świeże kwiaty w miseczkach zrobionych z liści bananowców.

– *Flowers, madame?*[37] – namawia chłopiec w swetrze. – Położysz na wodzie! Na szczęście!

Ma może dziesięć lat. Co rano przychodzi nad brzeg Gangesu z wiklinową misą pełną koszyczków z kwiatami i świeczkami. Ktoś musi je najpierw ułożyć. Gdyby to zrobił wieczorem, do rana kwiaty

---

36 *Good price, madame!* – (ang.) Dobra cena, szanowna pani!

37 *Flowers, madame?* – (ang.) Kwiaty dla pani?

To taki rytuał.
Święta rzeka
o wschodzie słońca

by zwiędły. To znaczy, że ktoś zrywa się o trzeciej nad ranem, żeby przygotować pływającą ofiarę w miseczkach z liści, a potem wysyła chłopca, żeby je sprzedawał. A może on sam je robi?

– Na pomyślność w miłości! – namawia chłopiec. – Na dobrą przyszłość! Na zdrowie!

– Łódka, *madame?* – zaczepia mnie ktoś z boku. – Sto pięćdziesiąt.

Chyba słyszał moją wcześniejszą rozmowę. Zresztą łódek jest znacznie więcej niż chętnych na przejażdżkę po wodach Gangesu.

– Tak – odwracam się do niego.

– Ty sama, *madame?*

– Tak, sama.

– To dwieście rupii – mówi stłumionym przez szal głosem. – Gdyby was było więcej, to sto pięćdziesiąt za osobę, ale jeśli jesteś sama, to dwieście.

– Chodźmy – odpowiadam krótko.

Pewnie mogłabym stargować jeszcze trochę, ale nie o to chodzi.

Zobacz jakie to dziwne.

Pięćdziesiąt rupii to niecałe dziesięć dolarów. Dla mnie to niewielka kwota. Dla niego być może to cały dzienny zarobek. Niech ma. Poza tym mam często takie zabawne uczucie, że pieniądze nie giną. One tylko zmieniają portfel.

Więc nawet jeżeli ja oddaję komuś pieniądze, to one wędrują sobie gdzieś dalej w świat. Nigdy tak naprawdę nie były moje. Znajdowały się w mojej kieszeni przez chwilę, ale wcześniej należały do kogoś innego. I za chwilę zapewne zostaną przekazane komuś następnemu. Więc one są i nie są moje. I dlatego nie jest mi trudno się z nimi rozstawać.

Kupiłam miseczkę z kwiatami, świeczką i pudełkiem zapałek od chłopca. Wsiadłam do łódki i popłynęliśmy.

To taki rytuał.

Święta rzeka o wschodzie słońca.

Wszyscy przychodzą tam jeszcze w ciemności. Niektórzy po to, żeby pozostać niewidzialnymi. Rozbierają się na brzegu i wchodzą do zimnej wody, żeby obmyć się dosłownie i w przenośni oczyszczającymi wodami rzeki.

W ciągu dnia na ghatach pojawiają się obcy – choćby tacy jak ja, z aparatami fotograficznymi i oczami wlepionymi bezwstydnie w półnagich ludzi, którzy stoją w wodzie i wykonują różne tajemne ruchy. Oblewają się strumykiem wody ze srebrnego dzbanka, biją pokłony, szepczą mantry. Bratają się z rzeką, ze śmiercią i z wiecznością. Obmywają się z grzechów, złych myśli i słów.

Robią to w pełnym natchnienia skupieniu, często z zamkniętymi oczami, ale być może słyszą uderzenie migawki albo kroki, które szły, a potem nagle stanęły. Może czują, że ktoś się im z ciekawością przygląda.

Dlatego niektórzy przychodzą w nocy. Woda jest bardziej zimna, powietrze dotkliwiej kąsa, ale być może to jest część rytuału – pokonać słabość swojego ciała, odważyć się na dotknięcie zimnej wody, a tym samym złożyć ofiarę także ze swojego przyzwyczajenia do wygody i luksusu.

Poza tym świt to magiczny czas.

Galeria multimedialna: zeskanuj zdjęcie i zobacz świt nad Gangesem.

Szarość jaśnieje. Noc umyka. Na niebie pojawiają się pierwsze promienie słońca. Najpierw chłodne, różowe, jakby trochę zaspane i skostniałe z zimna. A potem coraz cieplejsze, rozgrzane, bardziej śmiało ogarniają niebo, tak jakby obwieszczały z radością rychłe nadejście słońca.

Jest!

Cudowna, żółtopomarańczowa kula, która powoli zaczyna się wspinać na niebo. Rośnie i płonie! Drży z gorąca. Rzuca na wodę czerwone blaski. Ogarnia pół nieba, pnie się coraz wyżej, ponad ptaki, ponad chmury, ponad nasze zdumione spojrzenia. I wszędzie wokół ścieli się słoneczny blask. Ciepły, promienny, jasny i czysty, jak zapowiedź tego wszystkiego, po co przybyli tu pielgrzymi z najdalszych zakątków Indii: przebaczenia, obietnicy, spełnienia. Radości, raju, zbawienia.

Pluśnięcie wiosła.
Szelest łódki na falach.
Na schodach siedzą ludzie pogrążeni w medytacji.

Wyobraź sobie.

Przyjść w nocy na kamienne schody nad świętą rzeką. Zimne, obce, niegościnne. Usiąść w pozycji lotosu z twarzą zwróconą na wschód, zamknąć oczy i czekać. Godzinę, dwie, może trzy, może jeszcze dłużej. Bez ruchu, bez żadnych świadomych myśli i pragnień. Po prostu czekać. Na ten najbardziej niezwykły moment.

Zziębnięty, skostniały od przenikliwego chłodu nocy nagle poczujesz na skórze dotknięcie słońca. I będziesz wiedział, że ono wstało specjalnie dla ciebie.

ROZDZIAŁ 57

Choć raz w życiu

Z jednej strony można powiedzieć, że to trudne, nieprzyjemne i wymagające – bo nigdy nie wiesz kiedy będziesz mógł coś zjeść ani czy to, co znajdziesz, będzie się nadawało do zjedzenia.

Ale z drugiej strony kiedy idziesz głodny ulicą – tak głodny, że kiszki grają ci marsza na tak ogłuszających werblach, że o niczym innym nie potrafisz myśleć – i nagle widzisz kocioł gorącego curry z warzyw, to czy wiesz jakie to jest szczęście?...

Poszłam na ulicę, bo w hotelu wiesz co jest. Śniadanie dla białasów – grzanki, marmolada, naleśniki z owocami. Puste kalorie, śmieciowe jedzenie, które nie daje siły do wędrowania.

Sto razy bardziej wolę zdać się na los.

Najpierw natknęłam się na *idli*, specjalność z południowych Indii. To małe, białe placki z ryżu i sfermentowanej soczewicy gotowane na parze i podawane z jasnym, gęstym sosem, za którym nie przepadam. Zapisałam w pamięci gdzie go szukać gdybym nie znalazła nic innego i poszłam dalej.

– *Chai, chai*[38]*?!* – zawołał uliczny sprzedawca herbaty.

Najmniejsza herbaciarnia świata ma mniej więcej metr kwadratowy powierzchni. To półka w ścianie budynku, gdzie mieści się metalowy czajnik na rozgrzanych węglach, stos glinianych, jednorazowych czarek oraz jeden kucający człowiek.

Siedzi tam przez cały dzień, gotując kolejne imbryki wody, w której zaparza wiórki czarnej herbaty z dodatkiem mleka i cukru.

– *Chai? Chai?* – przypomina.

Ktoś przystaje, wyciąga rękę, dostaje małą czarkę i wypija herbatę kilkoma nieśpiesznymi łykami. Płaci cztery rupie. I idzie dalej.

Innej herbaty nie ma. Nikt nie gotuje samej wody. Jeśli jest herbata, to zawsze z mlekiem i z cukrem. Niestety.

Jest jeszcze wcześnie. Pusto i chłodno. Psy wtulają się w zimne kamienne mury i zamykają oczy, żeby podczas snu zapomnieć o zimnie i szybciej dotrwać do południa, kiedy zrobi się gorąco.

Pierwsi wstają sprzedawcy herbaty. Są gotowi jeszcze przed świtem. Potem nadjeżdżają wózki z plackami i garnkiem gorącej ciecierzycy. Sprzedawca białych ryżowych *idli*. I zaróżowiony od kłębów pary kucharz, który na bieżąco smaży w oleju małe placki. I podaje je z najprawdziwszym warzywnym curry!! Hurra!!!!!! Moje śniadanie!!!!!!

[38] *Chai* – (hindi) Herbata.

Spróbuj tego choć raz w życiu.

Wstań o piątej rano, pierwszą godzinę poświęć na medytację, drugą i trzecią na wędrowanie, a w czwartej wyjdź na ulicę i spróbuj znaleźć to, co jadają tubylcy. To będzie najlepsze śniadanie, jakie jadłeś kiedykolwiek. Dobrze przyprawione głodem i radością.

Moje takie właśnie było. Cztery świeżo usmażone placki wielkości spodków i gorące warzywa w sosie podane w małej miseczce z suchych liści. Nie ma widelca ani łyżki, jem palcami. Gorące, pyszne! Czuję, że znów oddycham.

Za całe szesnaście rupii, czyli mniej więcej 80 groszy, zjesz do syta, z dokładką. Życie jest piękne!!!

Mój znajomy rikszarz już czekał. Pojechaliśmy do dzielnicy muzułmańskiej i do białej świątyni, i wtedy Sajee powiedział:

– Teraz pojedziemy do Świątyni Matki Indii, a potem do mojego domu. Moja żona ugotuje nam obiad!

I spojrzał na mnie we wstecznym lusterku.

– Dobrze! – zgodziłam się od razu.

– *Good*[39] – skinął głową i wyjął telefon. – *Halo?*

Tyle tylko zrozumiałam, bo następne słowa były w języku hindi.

– Nie, nie, nie – mówił Sajee do kogoś po drugiej stronie. A potem: – Tak! Tak!

Świątynia Matki Indii była maleńka, z wielką wypukłą mapą Indii na podłodze. Na północy tłoczyły się białe stożki Himalajów.

---

[39] *Good* – (ang.) Dobrze.

Południowe wybrzeża oblewał nieruchomy czarny ocean. Zrobiłam jedno zdjęcie i wyszłam z powrotem na słońce.

– Jedziemy? – dopytywał Sajee. – Do mojego domu!

– Tak, jedźmy – odrzekłam i wsiadłam do rikszy.

I dopiero po chwili pomyślałam, że właściwie, kurczę, no przecież ja nie wiem dokąd jedziemy. Znam tego rikszarza od kilkudziesięciu godzin, porozumiewamy się odrobinę po angielsku, ale naprawdę nie wiem czy mogę mu zaufać i nie mam najmniejszego dowodu na to, że jest uczciwym człowiekiem.

Spojrzałam na niego ukradkiem.

Ma szczere spojrzenie, ale może tak mi się tylko wydaje, bo chciałabym to widzieć? Ma surową twarz, rzadko się uśmiecha, nie jest wylewny ani specjalnie sympatyczny. Zaraz. Dokąd my właściwie jedziemy?

– Tak? – Sajee odebrał telefon. Coś tłumaczył i wyjaśniał, kiwał głową, tak jakby mówił: – Tak, dokładnie, o to chodzi.

O co więc może chodzić?...

Czy nie trochę zbyt pochopnie zgodziłam się pojechać do jego domu? Zazwyczaj jestem czujna i nigdy nie przyjmuję takich propozycji. Nie wsiadam do obcych samochodów, nawet jeżeli kierowca z miłym uśmiechem oferuje, że mnie podrzuci, bo też jedzie w tę stronę. Nie przyjmuję zaproszeń od nieznajomych. Nie zgadzam się pójść do „lepszego" sklepu w bocznej uliczce ani oglądać „próbek" na piętrze. Zawsze pamiętam o tym, żeby być wśród ludzi, gdzie w razie czego mogę wezwać pomoc.

A tym razem?...

Galeria multimedialna: zeskanuj zdjęcie i zobacz zaułki Varanasi.

Dlaczego od razu się zgodziłam?

A jeśli zawiezie mnie do gangu? Zaraz, czy ja dałabym radę wyskoczyć w biegu z tej rikszy?

No, ale jeśli nawet wyskoczyłabym w biegu na widok podejrzanej okolicy albo gangu łajdaków, to co dalej? Bez sensu.

Znowu telefon.

– *No milk! No sugar!* – powtarza Sajee po angielsku. – Bez mleka! I bez cukru!

O rety!!!! On chyba mówi swojej żonie jak ma przygotować dla mnie herbatę!!!

Przed świątynią musieliśmy poczekać aż otworzą bramę, więc poszliśmy na herbatę. Szybko wyjaśniłam, że z wielką przyjemnością, o ile mogą ją dla mnie przygotować bez mleka i bez cukru.

Galeria multimedialna: zeskanuj zdjęcie i zobacz film jak przyrządza śię przekąskę w gorącym popiele.

– *No milk???....* – upewniał się zdumiony Sajee. – I *no sugar???....*

– Tak, tak, bardzo proszę.

– *No sugar??????.....* – pytał jeszcze raz. – Na pewno bez cukru?

– Na pewno! Bez cukru!

– I bez mleka?

– Bez, bez – potwierdzałam i patrzyłam jak Sajee z dziwną miną tłumaczy to dalej tubylcowi nad imbrykiem. A on pyta z niedowierzaniem:

– Ale bez cukru? Zupełnie?

– Bez! – odpowiada Sajee i rzuca do mnie jeszcze jedno powątpiewające spojrzenie.

– Bez, bez! – uśmiecham się.

– No bez! – potwierdza.

– Sama woda, tylko woda?

– Sama woda, tylko woda!

Tubylec unosi wysoko brwi, marszczy czoło, wyciąga skądś dodatkowy imbryk, gotuje wodę, wrzuca do niej garść wiórków herbaty, miesza, odcedza przez sitko zrobione z kawałka białej bawełny, przelewa do glinianej czarki i podaje mi czarny, gęsty napar, który mógłby służyć za paliwo do rakiety kosmicznej, taką ma moc.

Znowu dzwoni telefon.

– Bez cukru, tak, bez cukru! – mówi Sajee po angielsku i śmieje się pod nosem.

Pewnie jego żona też nie mogła w to uwierzyć.

Skręcaliśmy w coraz mniejsze i mniejsze uliczki. Sajee miał znów poważny, surowy wyraz twarzy. Rozglądałam się czujnie.

Byliśmy chyba na skraju miasta. To było zupełnie inne Varanasi. Betonowa szara droga i betonowe szare garaże. A nie, przepraszam, to nie garaże, to domy w kształcie prostokątnych bunkrów. Równie dobrze mogłaby to być baza wypadowa złoczyńców. Zaraz, serio. Mogliby działać jako szajka. Część czeka w bunkrze, a jeden przywozi naiwne turystki.

– I gotuje im herbatę bez cukru na powitanie? – szepnął mi w głowie cichy głos.

Riksza podskoczyła na kamieniach.

Z bramy wybiegła dziewczynka i chłopiec o długich włosach.

– O, a to są moje dzieci! – oświadczył Sajee i zgasił silnik.

ROZDZIAŁ 58

Dobre życie

Takiego domu jeszcze chyba nigdy nie widziałam.

Wyobraź sobie garaż z betonu o powierzchni około piętnastu metrów kwadratowych. Ściany pomalowane dawno temu na zielono, teraz z burymi zaciekami, śladami przetarć i plam. Betonowa szara podłoga. W jednym rogu dwie półki z betonu wystające ze ściany. Nie ma żadnych innych mebli. Nie ma szafy, nie ma stołu, nie ma kuchni, nie ma łazienki. Nie ma krzesła ani łóżka. Jest tylko cienki materac, licha kołderka i sześć poduszek. Tutaj wszyscy razem śpią.

Po prawej stronie od wejścia – mała butla gazowa. Na większą go nie stać. Kilka metalowych talerzy i garnków.

– Proszę, usiądź – mówi Sajee.

Nie ma krzeseł. Pośpiesznie zdejmuję klapki i siadam na skraju materaca.

– *Tea*[40] – mówi nieśmiało żona rikszarza i podaje mi czarkę. Bez mleka i bez cukru, ugotowana specjalnie dla mnie.

Patrzymy na siebie z ciekawością.

– To jest mój dom – mówi Sajee. – Wynajmujemy go za tysiąc rupii miesięcznie. Riksza też nie jest moja. Płacę za wynajem dwieście pięćdziesiąt rupii na miesiąc. Ciężko jest.

Kiwam głową ze zrozumieniem.

– Chciałbym kupić własną rikszę, mógłbym więcej zarobić.

– Tak, oczywiście. A ile kosztuje nowa riksza?

– Sześćdziesiąt.

– Tysięcy?

– Tak.

– To dużo.

– Bardzo dużo – wzdycha Sajee. – Trudno tyle uzbierać jeśli ma się troje dzieci i chorą teściową.

A właśnie. Jest ich sześcioro. Żona rikszarza ma ciepły, nieśmiały uśmiech, podobnie jak jej matka. Dzieci wpatrują się we mnie szeroko otwartymi oczami.

– To najmłodsze? – pytam trochę okrężnym sformułowaniem, żeby nie sugerować płci.

Dziecko ma długie, wijące się loki, ale jest ubrane w spodnie. Dziewczynka? Chłopiec?

– To jest Kriszna – oświadcza Sajee.

---

40 *Tea* – (ang.) Herbata.

Kriszna to imię hinduistycznego boga. Niektórzy uważają, że jest awatarem – czyli wcieleniem – boga Wisznu, inni twierdzą, że on sam jest Najwyższą Istotą, czyli Bogiem. Zazwyczaj jest przedstawiany z niebieską skórą, która właściwie ma kolor burzowej chmury.

Czyli chłopiec. I wcale nie niebieski.

– Ma trzy lata. I długie włosy, tak samo jak Kriszna – dodaje Sajee. – Włosy obetniemy mu dopiero za dwa lata podczas specjalnej uroczystości w świątyni.

– Proszę, jedz – żona stawia na materacu metalową miseczkę z intensywnie zielonym groszkiem i kawałkami podsmażonych ziemniaków.

Jakie to jest pyszne!!!

– Dokładka? – pyta Sajee.

Jasne! Bardzo proszę!

Na haku na ścianie wisi coś, co przypomina szkolny plecak.

– A ty chodzisz do szkoły? – domyślam się i odwracam się do dziewczynki.

– Tak – uśmiecha się radośnie.

– Jest najlepszą uczennicą w klasie! Przynieś zeszyty! – poleca Sajee.

Przeglądam strony starannie kaligrafowane ołówkiem. Rysunki na wielokrotnie używanych kartkach. Myślę sobie, że należałoby tu przysłać uczniów z polskiej szkoły, niech zobaczą jaka jest wartość papieru, jedynego ołówka i jak można odrabiać lekcje klęcząc na podłodze, a jednocześnie cieszyć się z możliwości chodzenia do szkoły.

– Ciężko jest – wzdycha Sajee kiedy wsiadamy z powrotem do rikszy. – Był taki miesiąc kiedy nic nie jedliśmy, bo nie mieliśmy za co.

– Ale teraz już lepiej zarabiasz?

Galeria multimedialna: zeskanuj zdjęcie i zobacz mojego rikszarza, jego rodzinę i dom.

– No tak, ale jest ciężko. Popatrz – wyjmuje z portfela zniszczoną karteczkę. – Jeden Brazylijczyk obiecał, że przyśle mi pieniądze, ale nic nie przysłał.

– Zdarza się.

– Obiecał, że przyśle! Tu mi zapisał swój adres. Ale nic nie przysłał.

– To przykre.

– Oj tak, tak, przykre. Trudne życie.

– Dobre życie! – poprawiam go delikatnie.

– Ja mam złe życie – upiera się Sajee.

– Wszyscy mają jakieś kłopoty.

– Zależy jakie. Ja mam duże problemy.

– Masz dobre życie – mówię z takim samym uporem. – Masz zdrowe dzieci, masz piękną żonę, masz rodzinę, masz pracę.

– Nie, nie – kręci głową Sajee. – Mam ciężkie życie.

– Bo za dużo marudzisz – miałam ochotę powiedzieć, ale milczałam.

– Zobacz! – Sajee pokazuje kolorowe obrazki, które przyczepił nad kierownicą. – Kriszna, Sziwa, Kali, Ganesza – wymienia imiona hinduistycznych bogów – mam tu wszystkich! I nic! Chodzimy do świątyni, modlimy się, mam w domu ołtarzyk i w rikszy ołtarzyk, i nic!

Uśmiecham się. On ma tu wszystkich świętych, a święci nic nie chcą mu dać w zamian! Co za los!

– Ciężkie życie – mamrocze Sajee.

– Dobre życie – odpowiadam mu tak, żeby nie usłyszał.

No bo jak to jest. Ludzie cierpią na chorobę niewdzięczności. Nieważne ile masz, zawsze będziesz chciał mieć więcej. Cokolwiek dostaniesz, zawsze będziesz prosił o coś innego.

Masz schronienie, masz pracę, masz rodzinę, masz zdrowie, twoja córka jest najlepsza w szkole, masz możliwość wypożyczenia rikszy i zarabiania na życie. Masz talent do zjednywania sobie ludzi i wozisz turystów po Varanasi. Masz żonę, która gotuje najlepszy groszek z ziemniakami! I masz ten śliczny czerwony szalik, który od początku mi się podobał.

I wciąż jesteś niezadowolony?...

ROZDZIAŁ 59

Małżeństwo z miłości

Te schody nad Gangesem to jest zupełnie inny świat. Wtulony w rzekę, oddzielony od reszty miasta wysokimi domami.

Na zewnątrz są sklepy, taksówki, autobusy, stroje i pieniądze. Varanasi na pierwszy rzut oka wygląda jak zwykłe miasto.

Ale pójdź trochę dalej, bardziej w głąb, w stronę rzeki. Miniesz szerokie ulice pełne samochodów, rowerów i riksz, dotrzesz do wąskich zaułków, gdzie nie zmieści się żaden pojazd mechaniczny. Będziesz szedł dalej zygzakiem między kupami krów i psów, aż nagle zobaczysz małe przejście między murami, przez które w oddali widać wielki błękit nieba. Zaintrygowany pójdziesz w tamtą stronę, miniesz ostatni dom i niespodziewanie znajdziesz się na szczycie kamiennych schodów prowadzących na całkiem odrębną planetę.

Tu wszystko ma swoje miejsce i czas – zupełnie inny niż w zwykłym mieście.

Ludzie przychodzą tutaj, żeby umrzeć. I żeby żyć.

Galeria multimedialna: zeskanuj zdjęcie i zobacz centrum Varanasi.

Ciągle ktoś robi pranie. Ogromne sześciometrowe sari leżą rozciągnięte na kamieniach do suszenia. Przy brzegu Hindus w turbanie pierze ciemnozielone stroje lekarzy ze szpitala. Poplamione krwią, łzami i potem chorych, oczyszczają się w świętej rzece.

Nieco dalej na sznurkach kołyszą się ciężkie od wody białe muzułmańskie kurty z cienkiej bawełny. Na schodach suszą się białe prześcieradła.

Przychodzi stado wodnych bawołów. Idą powoli, kiwając ciężkimi głowami i wydaje się, że nie zwracają na nikogo uwagi, ale lepiej nie podchodzić zbyt blisko. Bawoły są półdzikie, zdarza się, że atakują ludzi. Codziennie przychodzą na kąpiel w Gangesie. Tak, jest nawet pasterz z kijem w ręce, ale co może zrobić kruchy człowiek wobec czarnego bawołu, który waży pół tony i ma ostre, zakręcone rogi?

Niedaleko ktoś śpi zawinięty w koc jak mumia. Po prostu. Na wąskim dywaniku rozłożonym na ziemi, człowiek wyciągnięty na wznak i cały schowany pod szarym kocem. Czy śpi, czy żyje, czy powoli umiera?... Kto wie? Sterczą mu palce u stóp skierowane prosto do nieba.

To jest państwo w państwie, ciągnące się na długości kilku kilometrów wzdłuż brzegu rzeki. Jest tu wszystko, co byłoby ci potrzebne do życia.

Są sklepiki, gdzie możesz kupić coś do jedzenia i picia. W ścianie pomalowanej na czerwono wisi kawałek zamglonego lustra, naprzeciwko którego stoi drewniany tron. Tu możesz usiąść na golenie brzytwą i obcinanie włosów. Są sprzedawcy świętych obrazków, pojemników na wodę z Gangesu, świeżych kwiatów, świeczek, betelu do żucia

Galeria multimedialna: zeskanuj zdjęcie i zobacz Krainę Ghat nad Gangesem.

i kolorowych proszków do malowania ciała. Są kucharze z imbrykami, którzy zawsze mają gorący napar czarnej herbaty z mlekiem i z cukrem. Są wędrowni sprzedawcy placków, smażonych pierogów i orzeszków ziemnych. Wieczorem rozstawiają się budki z gorącymi przekąskami.

Nad samą rzeką siedzą świątobliwi mężowie zatopieni w myślach. Próbują przekroczyć granicę tego, co jest dostępne zwykłym śmiertelnikom.

Niektórzy to wędrowni asceci zwani *sadhu*, którzy przestrzegają bardzo surowych zasad czystości ciała i ducha, zyskując tym samym ponadnaturalną moc postrzegania i rozumienia spraw. To właśnie dlatego są w stanie porzucić świat rzeczy materialnych i skoncentrować się na oczyszczeniu swojego ducha. Nie zarabiają pieniędzy i nie starają się niczego zdobyć ani mieć. Z wyjątkiem wewnętrznej czystości i mocy, oczywiście.

Niektórzy smarują skórę popiołem ze spalonych ciał i robią drobne przedmioty z ludzkich kości. Nie dla zabawy i nie dlatego, że lekceważą śmierć. Wprost przeciwnie. Stawiają w ten sposób wyzwanie dla własnych ograniczeń i nakazów społecznych, żeby udowodnić w ten sposób, że sprawy, którymi tak się przejmujemy na co dzień to tylko iluzja, a prawdziwy sens wszystkiego leży zupełnie gdzie indziej.

Dlatego świadomie łamią tabu. Chodzą nago albo okryci pogrzebowym całunem zdjętym ze zmarłego, smarują się jego prochami, używają ludzkiej czaszki jako miski i przestają się czesać, zapuszczając długie dredy.

Dla nich wszystko jest święte. Niczego nie można zbezcześcić.

Nazywają się *aghori* i są szanowani jako uzdrowiciele chorych ludzi i nawiedzonych domów.

W Manikarnika leżą gigantyczne stosy drewna, sięgające kilku pięter wysokości. Czekają na zmarłych. To są największe ghaty, gdzie pali się zwłoki. Nad brzegiem rzeki przez cały czas płoną ognie.

Ktoś się kąpie, ktoś pierze, ktoś sprzedaje smażone placki z ciecierzycą. Ktoś suszy na kamieniach krowie placki, żeby użyć ich na opał. Ktoś rzucił do śmieci stary rower, po którym dzisiaj skacze małpa. Ktoś medytuje, ktoś się oblewa strumykiem wody z Gangesu, ktoś umiera, ktoś już płonie na stosie.

Ktoś puka mnie delikatnie w ramię.

A właściwie nie, bo tutaj ludzie raczej siebie nie dotykają. Nawet jeśli są sobie bardzo bliscy, w miejscach publicznych zachowują skromny dystans i powściągliwość.

To było dotknięcie trzcinowej misy.

Kiedy ja patrzyłam na życie na ghatach, życie patrzyło na mnie.

– *Flowers, madame*[41]*?* – zapytał chłopiec

– Nie, dziękuję – pokręciłam głową.

– A może paszmina?

Paszmina to odmiana kaszmiru, bardzo delikatna wełna robiona z sierści himalajskich kóz.

---

[41] *Flowers, madame?* – (ang.) Kwiaty dla pani?

– Nie, dziękuję – powtarzam.

– Jedwab? – próbuje chłopiec.

– Też nie, dziękuję.

Chyba wyczuł, że naprawdę niczego nie kupię. Postawił koszyk z kwiatami na ziemi i usiadł obok mnie.

– *Which country, madame?*[42] – zapytał po chwili towarzyskim tonem.

– *Poland* – odpowiedziałam.

– Daleko.

– Daleko.

– Ty sama?

– Ja sama.

– Ładny szal.

– Dziękuję. A ty? – podchwyciłam. – Chodzisz do szkoły?

– Chodzę.

– Rano?

– Tak.

– A po południu?

– A po południu szukam klientów do sklepu mojego brata.

– Twój brat ma sklep z paszminą?

– Paszmina, jedwab, najlepsze ceny!

– Oczywiście – uśmiechnęłam się.

– Ma wszystko! Obrusy na stół, ciepłe koce, pościel z jedwabiu, szale. Może potrzebujesz szal na prezent?

---

42 *Which country, madame?* – (ang.) Który kraj, szanowna pani?

Galeria multimedialna: zeskanuj zdjęcie i zobacz schody nad Gangesem.

– Nie, dziękuję. Ile masz lat?

– Jedenaście.

Spojrzałam na niego. Miał czarne, bystre, żywe oczy. Mówił całkiem dobrze po angielsku. Ma chłopak przed sobą przyszłość, szczególnie w takim miejscu jak to.

– A co chcesz robić w życiu? – zapytałam.

– Może będę pracował w sklepie mojego brata. A może będę przewodnikiem dla turystów.

– Dobry pomysł.

– Ożenię się.

– No jasne – zgodziłam się. – Rodzice znajdą dla ciebie żonę?

– Tak – odrzekł od razu. – Tak jest najlepiej.

W Indiach to oczywiste, że małżeństwa są planowane na długo wcześniej, a rodziny umawiają się kto za kogo wyjdzie, kiedy i dlaczego. Chodzi o to, żeby zapewnić swoim dzieciom dobrą przyszłość. Szuka się żony albo męża o porównywalnym statusie i wyznającym podobne wartości. Ale serio, czy młodzi ludzie nie mieliby ochoty sami o tym decydować?...

– Naprawdę? – dopytuję.

– Tak.

– Nie chciałbyś sam wybrać narzeczonej? Spotkać kogoś, zakochać się i poprosić, żeby została twoją żoną?

Pokręcił stanowczo głową.

– Małżeństwo aranżowane jest lepsze.

– Naprawdę? – zdumiałam się.

Wyobraź sobie, że rodzice wybierają dla ciebie żonę albo męża, spotykają się z jej lub jego rodziną, omawiają warunki ślubu, a ty tylko czekasz. Potem jest organizowane spotkanie zapoznawcze, spotykasz dziewczynę albo chłopaka, który ma spędzić z tobą resztę życia, ale nie możesz oczywiście porozmawiać z nią lub z nim na osobności. Rodzina patrzy i czuwa. Możesz powiedzieć „nie", ale tylko jeśli naprawdę jesteś głęboko przekonany o tym, że jest to osoba całkowicie dla ciebie nieodpowiednia. No i właściwie niewiele o niej wiesz – z wyjątkiem tego z której kasty pochodzi, jak się nazywa, jakie ma wykształcenie, gdzie pracuje i jak wygląda.

Rzadko kto mówi „nie".

To tradycja istniejąca w Indiach od wieków. Jeśli rodzice też zostali skojarzeni przez swatki, dziadkowie też i pradziadkowie, i wszystko szczęśliwie się układa, to dlaczego ktoś miałby wątpić w skuteczność takiego rozwiązania?

Chyba tylko Europejczyk.

– Zobacz – mówi chłopiec. – W aranżowanym małżeństwie spotykają się dwie prawie obce osoby. Nie znają się, ale po kilku latach między nimi pojawia się miłość.

– To prawda – zgodziłam się.

– A w małżeństwie z miłości? Ślub biorą dwie zakochane w sobie osoby, a po kilku latach między nimi pojawia się pustka. I rozwód.

– O rety – szepnęłam tylko.

– To jest wizytówka sklepu mojego brata – chłopiec wstał i podał mi kartonik. – Najlepsza paszmina! Tu niedaleko!

– Dziękuję.

– Może przyjdziesz?
– Może przyjdę.
– Może teraz?
– Może teraz.
– To chodźmy!

I poszliśmy.

ROZDZIAŁ 60

Ja i ty

Piąta rano. Pobudka. Godzina medytacji.

Potem godzina jogi na dachu.

Właściwie nie ćwiczę jogi, ale hotel oferował bezpłatną godzinę zajęć codziennie o szóstej. Pomyślałam, że nauczę się czegoś nowego.

Weszłam po schodach na samą górę. Ktoś zamiatał podłogę.

– Joga? – zapytałam nieśmiało.

– Tak, to tutaj – odrzekł szczupły, drobny pan w koszuli i brązowej kamizelce.

Odstawił miotłę, przyniósł dywanik i ćwiczyliśmy przez godzinę. Było tak zimno, że kiedy zeszłam na dół, miałam skostniałe palce.

Zostałam w Varanasi przez kilka dni.

Patrzyłam na rzekę, na psy, krowy, kozy i na ludzi. Na zmarłych, którzy przybywali na białych noszach. Na stosy, gdzie paliły się ich ciała.

– To jest operacja na otwartym mózgu! – przypominały mi się czasem surowe słowa Pani Nauczycielki. – Trzeba usunąć te nieczystości! Ja nie pozwalam ci odejść!

Pewnego dnia siedziałam na kamiennych schodach nad Gangesem. Było tak spokojnie, cicho i ciepło! A ja czułam się taka szczęśliwa!

Pomyślałam, że wierzę w trening umysłu, który pozwala wyzwolić jego cały potencjał.

Ale nie w tresurę.

I może dlatego nie chciałam zostać do końca w tym kursie medytacji.

Wierzę w to, że można osiągnąć nadzwyczajne efekty pracując ze swoją podświadomością. Ale mam jednocześnie głębokie przekonanie, że można to zrobić tylko z przyjaźnią i życzliwością. Myślę, że nie można podświadomości do niczego zmusić. Ona jest jak kot, który nie znosi przymusu i przemocy. Jeśli ją przyciśniesz i zmusisz do czegoś, będzie udawała, że jest ci posłuszna, ale w pierwszym nadarzającym się momencie ucieknie i znowu schowa się przed tobą tak, żebyś nie mógł jej znaleźć.

Jeśli przystępujesz do pracy z podświadomością, żeby ją ukarać, wytresować, zmienić, naprawić, wyrwać z niej „nieczystości wraz z korzeniami”, to moim zdaniem osiągniesz dobry wynik na krótki czas. A potem wszystko znowu będzie po staremu.

Mówiąc inaczej – stworzysz jeszcze jedną iluzję, która będzie ci dodatkowo utrudniała życie.

I ciągle będziesz miał wrażenie, że życie jest wstrętne, bo nic nie jest właściwie takie, jak powinno być, ciągle coś się psuje, ktoś nawala, coś odbiera ci radość.

Myślę, że droga do prawdziwego uzdrowienia znajduje się gdzie indziej.

Najpierw trzeba być przyjacielem samego siebie. Lubić siebie, szanować, cieszyć się z tego, że się jest. Wiedzieć o tym, że gdzieś głęboko w twojej duszy – albo w twoim umyśle – znajduje się taka cząstka ciebie, do której nie masz dostępu. Tam zapisane są źródła twoich emocji, twoich zachowań, twoich decyzji i wszystkiego co robisz. Bo przecież to podświadomość tajemnie decyduje o tym, co pojawia się w twojej świadomości, czyli tworzy wzorce myśli i reakcji, które uważasz za racjonalne i pochodzące z twojej świadomej woli i wiedzy.

Podświadomość żyje w tobie i to ona ma największy wpływ na twoje życie.

Ona jest bardzo ostrożna, bardzo czujna i bardzo inteligentna. Nie pozwoli ci się do siebie zbliżyć jeśli nie będzie miała absolutnej pewności, że to będzie dla niej – czyli jednocześnie dla ciebie – dobre i bezpieczne.

Trzeba ją oswoić – tak jak oswaja się małe, dzikie zwierzątko. Cierpliwie, konsekwentnie, z miłością.

Tylko wtedy będziesz mógł zajrzeć jej do środka, poznać, zrozumieć, nawiązać z nią dialog. Dowiedzieć się jakie nosi w sobie zapisy. Być może od trzydziestu lat żyje w strachu, że ktoś odwróci się do niej plecami i zostawi ją samą, bezradną, samotną, przerażoną. Bo może tak się kiedyś zdarzyło, więc twoja podświadomość koncentruje się głównie na tym, żeby zapewnić ci bliskość drugiego człowieka. Nieważne jaki on jest, czy cię kocha i szanuje, byleby tylko był. Podświadomość każe ci z nim być, nawet jeżeli tego nie chcesz.

Bo tak kiedyś zapamiętała i tego się trzyma z żelazną konsekwencją – do chwili kiedy ty świadomie będziesz w stanie zmienić ten zapis i nauczyć ją nowych wzorców myślenia.

Myślę, że nie można tego zrobić przez „operację na otwartym mózgu" w ponurej, zimnej, ciemnej sali medytacyjnej.

Można to zrobić tylko w przyjaźni do samego siebie. Tylko w duchu życzliwości, akceptacji, miłości. Uśmiechając się do słońca, czując więź z naturalnym światem, który cię otacza.

No właśnie.

Odetchnęłam głęboko.

Jak mi dobrze!!!

Wędrowałam po okolicznych wioskach, patrzyłam na codzienne życie. Jak ludzie pracują w polu, uklepują placki z krowich odchodów, żeby je wysuszyć na słońcu, piją herbatę w cieniu drzewa, golą sobie brzytwą głowę na łyso na znak żałoby, sprzedają białą rzodkiew i świeżo łuskany zielony groszek.

Pojechałam do Sarnath, świętego miejsca buddyzmu, kilkanaście kilometrów za Varanasi.

To było pierwsze miejsce, gdzie Budda opowiedział o tym, co odkrył i zrozumiał podczas swojej oświecającej medytacji. Słuchało go

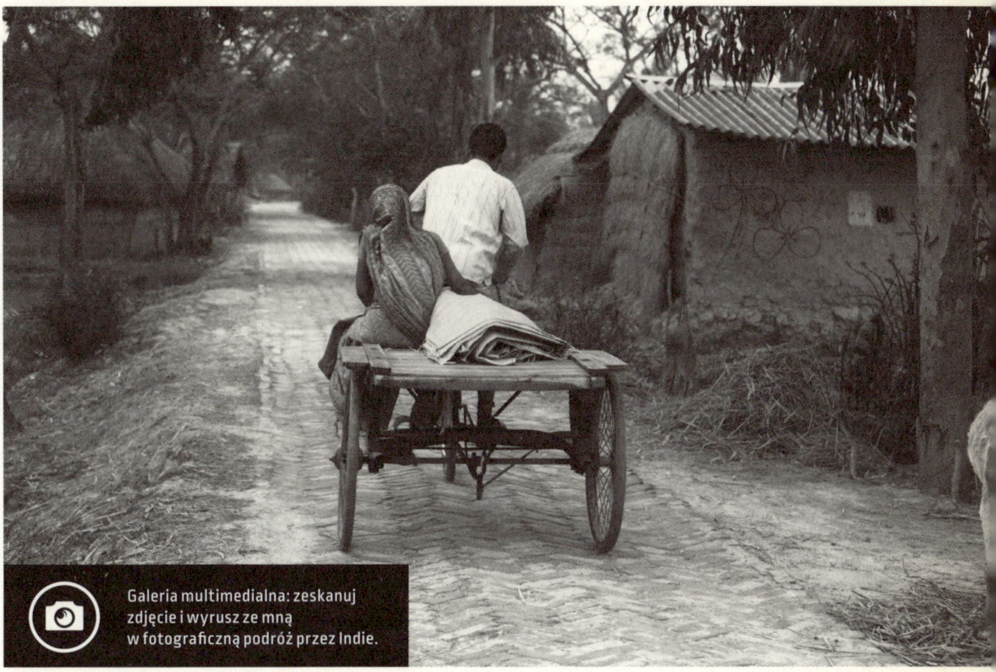

Galeria multimedialna: zeskanuj zdjęcie i wyrusz ze mną w fotograficzną podróż przez Indie.

wtedy tylko pięciu mnichów, ale na cześć tego zdarzenia zbudowano tu świątynię i najstarszą stupę[43] na świecie w kształcie okrągłej wieży. Ma prawie 44 metry wysokości i 28 metrów w obwodzie.

To było rewolucyjne przemówienie. Budda powiedział, że współczesna religia nie pomaga w osiągnięciu prawdziwej wolności, a wprost przeciwnie. Że w życiu nie chodzi o to, żeby bezmyślnie podążać za schematem, ale żeby mieć jasny, otwarty umysł, który pomaga wybierać to, co jest naprawdę słuszne i dobre. A szlachetnym człowiekiem jest nie ten, kto przyszedł na świat w dobrze sytuowanej rodzinie, ale ten, kto dba o czystość swojej duszy.

---

[43] Stupa – tradycyjna święta budowla buddyjska, w której trzyma się relikwie. Nazwa pochodzi z sanskrytu i oznacza „kopiec".

Zabawne, prawda?

Buddyzm zaczął się jako rewolucja. Był ruchem społeczno-religijnym nawołującym do zmiany sposobu myślenia, w opozycji do obowiązujących wtedy sztywnych zasad i rytuałów religijnych.

Zabawne jest to, że właściwie do dzisiaj nic się nie zmieniło.

Ludzie wciąż szukają odpowiedzi w kamiennych świątyniach, obrazach i posągach. Wolą klęczeć przez godzinę na twardej podłodze zimnego kościoła niż poświęcić piętnaście minut na sięgnięcie w głąb swojej duszy. Wolą uczestniczyć w sztywnych religijnych rytuałach zamiast we własnym sercu podjąć postanowienie kierowania się dobrem i uczciwością we wszystkich życiowych sytuacjach.

Zorganizowana religia to tylko iluzja. Chwilowe uśmierzenie niepokoju szalejącego w duszy. Ale to jest opowieść na inną książkę.

A teraz powiem ci coś.

Wiesz o co chodzi w podróżowaniu?

Chodzi o to, żeby pojechać do małej wioski, iść przez kilka godzin drogą prowadzącą nie wiadomo dokąd, mijając chaty ulepione z gliny, zaskoczone jaszczurki i pole, gdzie rośnie ryż.

Zobaczyć nagle mężczyznę w turbanie na głowie, który jedzie rowerem z metalowymi bańkami na mleko.

Nie widzieliście się nigdy wcześniej. Spotykacie się po raz pierwszy i prawdopodobnie po raz ostatni w życiu.

On podnosi wzrok, patrzy na ciebie zdumiony.

Ty uśmiechasz się do niego.

I wtedy on uśmiecha się do ciebie i pozdrawia cię dłonią. Już wcale nie jest zdziwiony. Na twarzy ma wyraz spokojnej radości, tak jakby pomyślał:

– Ach, to ty, człowiek z uśmiechem na twarzy! Ja cię przecież znam!

No właśnie.

Bo my przecież jesteśmy znajomymi i przyjaciółmi.
Od zawsze i aż do końca świata.
Ja – człowiek z uśmiechem na twarzy.
I ty – człowiek z uśmiechem na twarzy.
I o to właśnie chodzi w podróżowaniu.

PS Już nie mogę się doczekać
kiedy znów pojadę do Indii!

Beata Pawlikowska

Spis treści

jasne!

Edipresse Polska SA
ul. Wiejska 19,
00-480 Warszawa

Dyrektor ds. książek: Iga Rembiszewska
Redaktor inicjujący: Natalia Gowin
Produkcja: Klaudia Lis
Marketing i promocja: Renata Bogiel-Mikołajczyk
Digital i projekty specjalne: Katarzyna Domańska

Tekst, rysunki, zdjęcia, filmy: Beata Pawlikowska
Projekt okładki: Beata Pawlikowska i Maciej Szymanowicz
Opracowanie graficzne: Beata Pawlikowska
i Maciej Szymanowicz
DTP: Maciej Szymanowicz

EDIPRESSE KSIĄŻKI

Biuro Obsługi Klienta
www.hitsalonik.pl
mail: bok@edipresse.pl
tel.: 22 584 22 22
(pon.–pt. w godz. 8:00–17:00)
www.facebook.com/edipresseksiazki

Druk i oprawa: Skleniarz, Kraków

ISBN: 978-83-7945-059-6